U0225241

2013·金堂奖

JINTANGPRIZE

——2013中国室内设计年度优秀酒店空间作品集

CHINA INTERIOR DESIGN ADWARDS 2013
GOOD DESIGN OF THE YEAR HOTEL SPACE

金堂奖组委会·编

中 国 林 业 出 版 社
China Forestry Publishing House

金堂奖·2013中国室内设计年度评选大事记

2013年，“金堂奖”走过第四个年头，她正在远远超越一个奖项的功能界限，深刻影响和改变着中国乃至世界室内设计产业的格局，实现了以下七个方面的突破：

一、国际高度

2013年“金堂奖”成为 ”国际室内建筑师与设计师团体联盟” （IFI）认证、全球同步推广的国际奖项。2013阿姆斯特丹世界室内设计大会(WIM)首次将9月6日设立为“中国日”，“金堂奖”携十位设计师首度登临国际舞台，为中国设计发声，赢得世界喝彩。大会投票决定，2014年世界室内设计大会(WIM)将在广州举办，中国设计将首次以主场身份拥抱世界，宣告着中国设计与世界同行时代的来临。

7月29日至8月4日，“金堂奖”一行成功进行了对日本养老地产的考察，会晤了日本建筑家协会会长、金泽市市长、石川县日中友好协会会长。9月26日至10月4日，应”米兰家具展”主办机构意大利木业与家具协会的邀请，“金堂奖”携中国建筑设计集团、现代设计集团、金螳螂、亚厦等十家国内最具规模和影响力的设计装饰机构设计院负责人，以特邀国际嘉宾身份参加了”米兰建筑设计工程博览会”（ MADEexpo）。12月6日至8日，将有超过三十个国家的来宾聚集广州国际设计周，参与“金堂奖”盛典。

“金堂奖”已经成为全球最为瞩目的设计交流与展示平台。

二、全国体系

2013年，在“金堂奖”参评组织机构中国建筑与室内设计师网及广州国际设计周的合力推动下，与各地最具影响力的媒体机构联手建立了包括台湾在内的32个省市的地方分站，团队规模近千人，推动本地“室内设计总评榜”项目的火热开展，与“金堂奖”形成互补，构建出“国际-全国-地方”的立体服务体系，令年度新作品的发掘和传播渠道顺达畅通，各地举办推广活动百余场。

中国室内设计产业发展三十年来，第一次形成了遍布全国各地的市场化服务网络，实现了对百万室内设计师服务“质”的飞跃。

三、产业互动

依托“金堂奖”的宏大格局，广州国际设计周+设计选材博览会的内容在2013年也实现质变，吸引了众多欧洲知名软装建材企业首度来华参展，中国房地产业协会首次同期召开为期三天的“2013中国商业和旅游地产设计年会”，朱中一、蔡云、蔡鸿岩、果亮、万达、万科、海航地产等房地产业界翘楚悉数到场，与国内外设计名家现场对话。“金堂奖”极大地推动了业主-设计-产品之间的产业链互动，令“为百万设计师呐喊、向千万业主传播”的使命得以实现。

四、作品创新

2013年，2675件参评作品中有383件作品分获十个空间类别的年度优秀作品，港台和外籍设计师获奖比例超过10%，作品水平大幅提升，众多年轻设计师脱颖而出。作品广度覆盖从城市到乡村，作品深度触及对东方生活智慧的当下解读与多样呈现，不少作品体现了低碳环保、人性化设计、新农村建设等方方面面的社会责任。在“金堂奖”对“设计创造价值”的不断倡导下，设计师的作品创新活跃度、设计思考成熟度都达到了一个前所未有的新水平。

五、理论建构

多名“金堂奖”得主在12月6日研讨会中共同剖析作品内涵，从人与域、人与物、人与人、人与己的角度，以提升用户体验、寻求可持续发展为评价目标，总结不同空间类别、不同空间部位生成“空间眷恋指数”的设计规律和辩证方法，探讨“设计创造价值”的操作路径，倡导以IT手段、大数据思维将个案经验汇聚为行业共享数据，构筑中国室内设计的“操作系统”，制定实现这一设计产业宏大目标的路线图和时间表。

第一个四年，“金堂奖”已经成为业主寻找年度优秀作品的“搜索引擎”；第二个四年，“金堂奖”将完成她初步构筑室内设计“操作系统”的艰巨使命，令设计理论不再只是书中之物，更成为真正指导并参与设计实践的“导航仪”和可用工具。

六、传播风潮

在国内外数十个城市巡回、百余场活动推广的聚焦下，“金堂奖”无疑是2013年全球设计业界最为瞩目的事件，得到报刊电视、网络媒体的竞相报道，其中Google全球搜索结果已近百万条。在近两年兴起的微博、微信新媒体中，“金堂奖”更是成为设计师和业主热议传播的焦点话题。2013年12月，“金堂奖”盛典以十大看点再次刷新人们预期，2014世界室内设计大会启动礼、颁奖典礼、设计师春晚、设计绘画展、大师工作营成果展、总评榜盛典等丰富多彩的活动，成为人们在手机屏幕上社交媒介最为关注的“宠儿”。

七、倡导公益

任何时候不以任何名义向设计师收取一分钱——“金堂奖”四年来践行这一公益承诺，受到广大设计师的高度赞誉。2013年12月7日，“金堂奖”携手庄惟敏、来增祥、马克辛、潘召南等多名评委举办“为农民设计”主题论坛，由张绮曼和吴昊教授分享获得了“亚洲最具影响力可持续发展大奖”的“为西部农民生土窑洞改造设计”公益项目，同时启动“金堂奖”及全国各地“总评榜”2014年度公益主题——为农民设计，以公益方式推进新农村建设，探索以设计改善民生、传承文化、发展经济的全新道路。

结语

参评“金堂奖”不像是进入硝烟弥漫的竞赛场，更像是漫步于互助互动的设计师家园，站立在链接业主、产品、媒体、设计同行的巨大平台，拓宽了设计视野，提升了作为设计师的目标感、荣誉感和社会责任感......设计师这样评价他们的参评体验。

2013阿姆斯特丹世界室内设计大会(WIM)《中国代表团倡议书》中这样写道——

中国设计师愿与全球同行共同携手，探索提升“空间眷恋指数”的设计方法与规律，分享天人合一的东方智慧和文化意境，以全新的设计思维共同塑造更具幸福感、可持续发展的人居环境。

我想，这段话也就道出了“金堂奖”的理想和使命。

谢海涛

金堂奖发起人
中国建筑与室内设计师网董事长
广州国际设计周+设计选材博览会策展人
2013年11月28日

CHINA INTERIOR DESIGN AWARDS (JINTANG PRIZE) Major Events in 2013

As of 2013, it has been four years since the founding of "JINTANG PRIZE", and it has now gone further beyond the prize itself in its function and has profoundly influenced and changed the whole world's interior design pattern in the following seven respects:

I. International Importance:

"JINTANG PRIZE" 2013 has become an international prize endorsed by International Federation of Interior Architects/ Designers(IFI). inAMSTERDAM WORLD INTERIORS MEETING 2013 (WIM) has witnessed the creation of "China Day" (September 6th) and ten Chinese designers have made their appearances on the international stage to make voice for Chinese design industry, which has won worldwide acclaim. It has been decided that WIM 2014 will be held in Guangzhou and it will be the first host city in China to embrace the world, unveiling a new era of Chinese design going global.

The delegation of "JINTANG PRIZE" had a successful investigation of Japanese retirement communities and met the Chairman of the Japan Institute of Architects, mayor of Kanazawa and Chairman of Japan-China Friendship Association in Ishikawa Prefecture from July 29 to August 4, 2013. Invited by Federlegno Arredo, the delegation of "JINTANG PRIZE" and the design directors from the ten largest and most influential design institutes in China attended Milano Architettura Design Edilizia (MADEexpo), including Chinese Architecture Design & Research Group, XIANDAI Architectural Design, Gold Mantis Construction Decoration Co., Ltd. and YASHA from September 26 to October 4, 2013. The delegates from over 30 countries will gather at Guangzhou Design Week for the "JINTANG PRIZE" gala from December 6 to 8, 2013.

"JINTANG PRIZE" has become a world-famous design exchange and display platform.

II. National System:

In 2013, with the joint efforts of the participating organization - China Architecture and Interior Designer Network of "JINTANG PRIZE", Guangzhou Design Week and local most influential media agencies, local branches have been established in 32 provinces and cities (included Taiwan) with nearly 1,000 team members. This move has led "INTERIOR DESIGN BILLBOARD" to be in full swing and has contributed to a positive interplay with "JINTANG PRIZE"; it forms a "global-national-local" all-around service system, increases channels of exploring and promoting new designs of the year and gives rise to hundreds of publicity activities.

With three decades of development, Chinese interior design industry has extended its marketing service network nationwide for the first time and the service provided by around one million interior designers has achieved a fundamental change.

附件1 年度优秀作品地域分布对比图/
Attachment 1 GEOGRAPHICAL DISTRIBUTION OF GOOD DESIGN 201

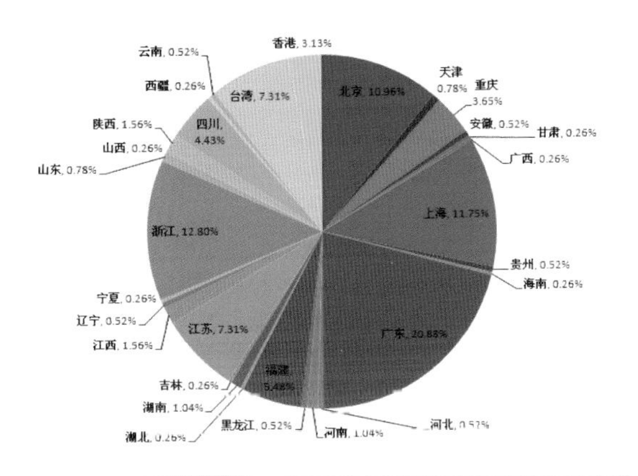

附件2 年度优秀作品十类空间对比图/
Attachment 2 CATEGORY COMPARISON OF GOOD DESIGN 2013

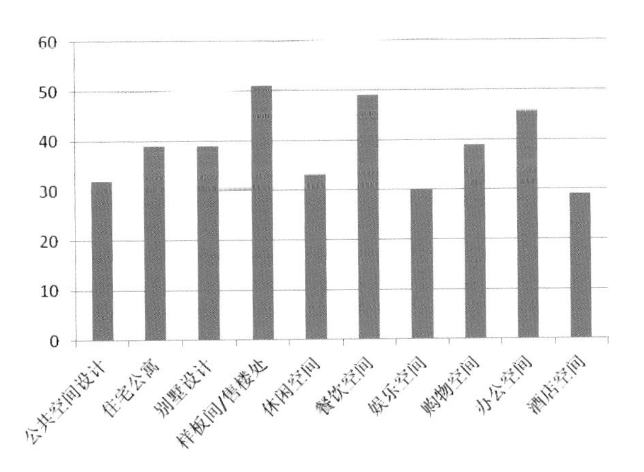

III. Industrial Interaction:

In light of the grand vision of "JINTANG PRIZE", Guangzhou Design Week has also changed radically in its content and attracted a great number of European well-known soft decoration building material enterprises to attend this event for the first time; meanwhile, CHINA REAL ESTATE ASSOCIATION will hold a 3-day "China Commercial & Tourism Real Estate Design Annual Meeting 2013" for the first time, at which Zhu Zhongyi, Cai Yun, Cai Hongyan, Guo Liang and elites of Wanda, Vanke and HNA Real Estate show up and interact with notable designers at home and abroad. "JINTANG PRIZE" has considerably promoted the industrial interaction of owner-design-product, allowing the mission of FOR PUBLIC AWARENESS OF DESIGN to come true.

IV. Innovative Designs:

Among 2,675 pieces of design works, 383 pieces have been awarded the good designs of 2013 according to ten space categories. More than 10% of the prize winners are Taiwanese and foreign designers and a multitude of young designers stand out from the competition. All works have improved a lot with themes ranging from cities to villages, and present today's perception of oriental life wisdom and diversity; lots of works demonstrate social responsibilities in respect of low-carbon economy, environmental protection, people-oriented design and new rural construction. Thanks to the constant advocacy of "DESIGN IS VALUE" by "JINTANG PRIZE", designers have attained an unprecedented level in innovation and design ideas.

V. Theoretical Construction:

A number of "JINTANG PRIZE" recipients will gather to analyze the content of design works at the seminar on December 6, 2013. On the basis of man-region, man-object, man-man and man-himself, the seminar features the evaluation objective of improving user experience and seeking sustainable development and the summary of design rule and dialectical approach of different space categories and different space parts in creating "Interior Space Experience Index". These recipients discuss the operational path of "DESIGN IS VALUE", advocate IT means and big-data thinking to get case-specific experience into industry-wide data sharing, set up the "operating system" of Chinese interior design and develop a roadmap and timetable to realize the great goal of design industry.

In the past four years, "JINTANG PRIZE" has become a "searching engine" for annual excellent design for owners; in the next four years, "JINTANG PRIZE" will complete the arduous mission of building an interior design "operating system" initially, make design theory a reality and provide truly useful guidance for design practice

VI. Publicity Campaign:

Due to the massive publicity generated by scores of roadshows and hundreds of promotional campaigns at home and abroad, "JINTANG PRIZE" has been undoubtedly a much-anticipated event for global design industry in 2013, on which reports from newspaper, TV and network media explode in large numbers. Notably, there are nearly one million results at the click of Google Search; the emerging media of Weibo(Microblog) and Wechat in recent two years have made "JINTANG PRIZE" an increasingly popular topic for designers and owners. In December 2013, the "JINTANG PRIZE" gala will significantly exceed the public's expectation by virtue of its "ten highlights" featuring Kick-off Ceremony, in Guangzhou World Interior Design Meeting 2014, Awarding Ceremony, 2013 China-designer Gala, Thought of The Fingertips·1st Design Painting Show, WORKSHOP Collection Exhibition, China Interior Design Annual Ceremony. These activities have become the most attention-grabbing events on the social media of mobile phones.

VII. Promoting Public Welfare:

No any charge to any entries at any time. Over the past four years, JINTANG PRIZE has fulfilled its commitment to public welfare, which has been highly acclaimed by lots of designers. On December 7, 2013, JINTANG PRIZE will hold the "DESIGN FOR FARMER" themed forum with the review panel consisting of Zhuang Weimin, Lai Zengxiang, Ma Kexin, Pan Zhaonan, etc. Professor Zhang Qiman and Professor Wu Hao will introduce the public welfare project "Innovative Design of Raw Soil Cave Dwellings for the Farmers in Western China", which has won Asia's Most Influential Sustainable Development Award. At the same time, the forum will initiate a Public Welfare Theme of JINTANG PRIZE DESIGN BILLBOARD 2014 - to Design For the Farmer, so as to promote New Rural Construction and explore a brand new path in improving people's livelihood, cultural heritage and economic development.

Conclusion:

"JINTANG PRIZE" is not an event brimming with fierce competition, but largely the one allows you to "roam" over a lovely homeland of mutual help and interaction, capitalize on a huge platform linking owners, product, media and design peers, broaden the vision for design, and enhance the designers' sense of goal, honor and social responsibility...that is what designers say about their experience in this event.

It mentions in Proposal By Chinese Mission to inAmsterdam World Interiors Meeting 2013 that:

Chinese designers are willing to work together with designers from all over the world to explore design approach and rule in "Interior Space Experience Index" improvement, share the oriental wisdom and cultural-artistic conception and jointly build a more happy and sustainable living environment from an entirely new design perspective.

I believe this paragraph also clarifies the ideal and mission of "JINTANG PRIZE".

FOUNDER, JINTANG PRIZE
PRESIDENT, CHINA-DESIGNER.COM
CURATOR, THE B2B DESIGN & BRANDS

November 28, 2013

国际评委

JURY OF INTERNATIONAL

吉斯·斯班杰斯（荷兰）Kees Spanjers Netherlands

欧洲室内建筑师／设计师协会联盟前主席（2004-2008）
荷兰室内设计师协会前主席（1998-2003）
2013 世界室内设计大会 总干事 President(2009-2011,2011-2013),
Curator, inamsterdam World Interiors Event 2013

卢卡·罗西（意大利）Gianluca Rossi Italy

欧洲著名建筑师、设计师、艺术家
CEO, UAINOT SRL

罗伯特·伽布格尼（意大利）Roberto Garbugli Italy

意大利主题酒店、餐饮空间设计专家
罗伯特·伽布格尼设计事务所 创始人
Founder，Roberto Garbugli Studio

弗朗西斯科·卢切斯（意大利）Francesco Lucchese Italy

意大利工业设计协会 董事会成员
Member, Associazione per il Disegno Industriale (ADI)

专家评委

JURY OF INDUSTRIAL LEADERS

庄惟敏 Zhuang Weimin

国际建协职业实践委员会联席主席
清华大学建筑学院院长、教授
2013 金堂奖专家评审委员会主席
Co-Director, UIA Professional Practice Commission (UIA-PPC)Dean\
Professor of Architecture, School of Architecture, Tsinghua University
Chair, Expert Jury Panel of Jintang Prize 2013

来增祥 Lai Zengxiang

同济大学建筑系教授
Professor, Architecture Department, Tong Ji University

王中 Wang Zhong

中央美术学院教授；城市设计学院副院长
Vice President, China Central Academy of Fine Arts

吴昊 Wu Hao

西安美术学院建筑环境艺术系主任；中国美术家协会环境艺术委员会委员
Incumbent Director, Built Environment Design Department, Xi 'an Academy of Fine Arts；Committee Member, Chinese Artists Association Environment Art Committee

业主评委

JURY OF CLENTS

朱中一 Zhu Zhongyi

中国房地产业协会副会长
Vice President, China Real Estate Association

蔡云 Cai Yun

中国房地产业协会商业和旅游地产专业委员会秘书长
2013 金堂奖业主评审委员会主席
Secretary-General, China Commercial & Tourism Real Estate Association
Chair, Client Jury Panel of Jintang Prize 2013

曲德君 Qu Dejun

万达商业管理公司总经理
General Manager, Wanda Commercial Management Co., Ltd.

边华才 Bian Huacai

上海中凯集团董事长；嘉凯城集团股份有限公司副董事长、总裁
President, Calxon Zhongkai Co.,Ltd.

亚莉克莎·汉普顿（美国）Alexa Hampton America
马克·汉普顿设计事务所 创始人 / 首席设计师
Owner and designer，Mark Hampton LLC

约翰·亚当·林伯（丹麦）Johan Adam Linneballe Denmark
国际室内建筑师与设计师团体联盟（IFI）董事会委员
丹麦斯堪的纳维亚设计集团 CEO
Board Member, International Federation of Interior Architects/ Designers(IFI)
CEO, Scandinavian Branding A/S

恩里科·拉斯科尼（意大利）Enrico Lascone Italy
意大利著名建筑师
意大利建筑师资格评审委员会主席
恩里科·拉斯科尼建筑设计事务所 创始人
Founder，Enrico lascone Architetti

卡尔·约翰·贝蒂尔森（瑞典）Karl Johan Bertilsson Sweden
NCS 色彩学院 院长
国际知名色彩设计与管理大师
Managing Director，NCS Colour Academy

AJ• 希普 （荷兰）Aj Schep Netherlands
3HOUSE 设计趋势咨询国际机构 创始人
Board Member, European Council of Interior Architects (ECIA)

卡罗·贝利（意大利）Carlo Beltramelli Italy
欧洲室内建筑师与设计师协会联盟（ECIA）董事会成员
意大利室内设计师协会（2007-2010）首席执行官
Board Member, European Council of Interior Architects (ECIA)

吴家骅 Wu Jiahua
深圳大学建筑与城市规划学院教授
Professor, College of Architecture and Urban Planning, Shenzhen University

郑曙旸 Zheng Chuyang
清华大学美术学院教授
Subdecanal, Arts College, Tsinghua University

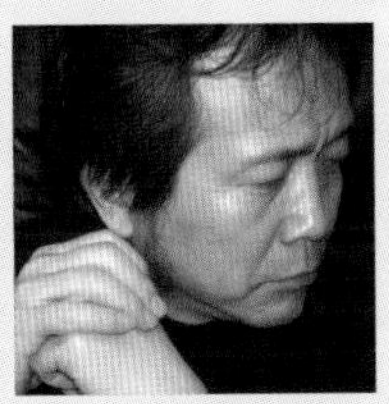

赵健 Zhao Jian
广州美术学院副院长
Deputy Dean, Guangzhou Academy of Fine Arts

潘召南 Pan Zhaonan
四川美术学院环境艺术设计系教授
四川美术学院创作与科研处处长
Professor, Environmental Art Design Department, Sichuan Fine Arts Institute

马克辛 Ma Kexin
鲁迅美术学院环境艺术设计系主任
Director, Environmental Art Design Department, Luxun Academy of Fine Arts

陈顺安 Chen Shunan
湖北美术学院环境艺术设计系主任
湖北省普通高校人文社科重点研究基地现代公共视觉艺术设计研究中心主任
Director, Environmental Art Design Department, Hubei Academy of Fine Arts

---

邢和平 Xing Heping
中国商业联合会购物中心专业委员会副主任
Deputy Director, China Business Coalition Shopping Center Professional Committee

李明 Li Ming
远洋地产有限公司总裁
CEO, Sino-Ocean Land holdings Ltd.

周政 Zhou Zheng
中粮地产（集团）股份有限公司总经理
General Manager, COFCO Property(Group) Co., Ltd.

王伍仁 Wang Wuren
中信房地产股份有限公司总工程师
General Engineer, CITIC REAL ESTATE

葛清 Ge Qing
上海中心大厦建设发展有限公司设计总监
Design Director, Shanghai Tower Construction and Development Co., Ltd.

任志强 Ren Zhiqiang
北京市华远地产股份有限公司董事长兼总经理
President, Beijing Huayuan Property Co., Ltd.

年度人物 | 机构奖项
PEOPLE & AGENCY OF THE YEAR

年度设计机构 AGENCY OF THE YEAR

内建築
Interior Architecture Design

年度设计机构
内建筑设计事务所

年度设计机构提名奖
穆哈地设计咨询（上海）有限公司

年度设计机构提名奖
北京十上建筑设计顾问有限公司

年度设计人物 PEOPLE OF THE YEAR

年度设计人物
深圳毕路德建筑顾问有限公司
设计总监 刘红蕾

年度设计人物提名奖
DPWT Design Ltd
董事 陈轩明

年度设计人物提名奖
古鲁奇设计公司
设计总监 利旭恒

年度新锐设计师 NEW STAR OF THE YEAR

年度新锐设计师
台湾缤纷设计
设计总监 江欣宜

年度新锐设计师提名奖
无锡观点设计工作室
主案设计师 孙传进

年度新锐设计师提名奖
杭州鼎建建筑装饰工程有限公司浦江子公司
创始人 徐梁

年度设计行业推动奖 DESIGN PROMOTION AWARD

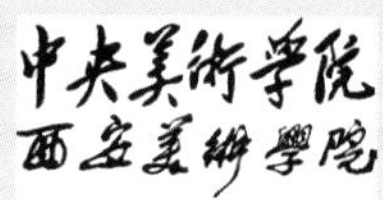

年度设计行业推动
中央美术学院建筑学院、西安美术学院建筑环境艺术系、北京服装学院艺术设计学院、太原理工大学艺术学院

年度设计行业推动提名奖
德稻上海中心

自造社

年度设计行业推动提名奖
自造社

年度设计选材推动奖 MATERIAL APPLICATION AWARD

年度设计选材推动
KOKUYO Furniture
空间设计主管 佐藤航

年度设计选材推动提名奖
郑州大学综合设计研究院
设计总监 肖艳辉

年度设计选材推动提名奖
北京玉正人觉室内建筑设计有限公司
创始人 朱玉晓

年度设计公益奖 PUBLIC WELFARE DESIGN OF THE YEAR

年度设计公益奖
武汉设计联盟学会

年度设计公益奖
《AXD 空间艺术》杂志

年度设计公益奖
南昌唯思国际设计机构设计总监姜昊

VASAIO 維迅陶瓷
Ceramics

Original Stone / Original Wood / Original
原石 · 原木 · 原创

“艺术是瓷砖的灵魂”。维迅VASAIO将自然界美学沉淀凝固于瓷砖之上，将自然之美与陶瓷先进工艺完美结合，维迅VASAIO原石和原木以其独有的真实感倾倒大众。取材自然“原石和原木”的原创，是希望将石材的石感，木材的木感还原至瓷砖之上，求真求实，并用最熟悉的原石和原木唤醒人类最深层的记忆，直至心灵。

维迅VASAIO品牌的产品结构完整，既重点突出：梵高印象 · 原石系列、名木世家 · 瓷木系列、九龙壁 · 全抛釉系列等三大类全新产品，也有主次分明的三大类传统产品：玄武岩 · 仿古砖系列、中华石 · 抛光砖系列、T&L · 超薄瓷片系列等。

秋香

中国拼花地板 领导者

月光

加旋木马

如意卷草

设计师VIP专线：13472512029 徐虹女士　更多产品信息，请登陆 www.meiju100.com / xuhong.php

烟色郁金
乌纹爵士
富贵璎珞
木樨清芬

图书在版编目（C I P）数据

金堂奖：2013中国室内设计年度优秀作品集：珍藏版 / 金堂奖组委会编.
-- 北京：中国林业出版社,2013.12

ISBN 978-7-5038-7277-8

Ⅰ. ①金… Ⅱ. ①金… Ⅲ. ①室内装饰设计—作品集—中国—现代 Ⅳ. ①TU238

中国版本图书馆CIP数据核字(2013)第272218号

责任编辑：纪　亮　李丝丝　李　顺

出 版：中国林业出版社（100009 北京西城区德内大街刘海胡同 7 号）

网 址：http://lycb.forestry.gov.cn/

E-mail: cfphz@public.bta.net.cn 电话：（010）8322 5283

发 行：中国林业出版社

印 刷：北京利丰雅高长城印刷有限公司

版 次：2014年1月第1版

印 次：2014年1月第1次

开 本：235mm *300mm　1/16

印 张：100

字 数：2000千字

定 价：1800.00 元（全 10 册）

Hotel

酒店空间

更多精彩项目详见光盘

Hotel

酒店空间

厦门源昌凯宾斯基大酒店
Yuanchang Kempinski Xiamen

上海浦东文华东方酒店
Mandarin Oriental Pudong Shanghai

北京趣舍酒店
Qushe Art Hotel

北京寿州大饭店
Beijing Shouzhou Hotel

H-Luxury酒店
H-LUXURY RESORT HOTEL

上虞宾馆
Shangyu Hotel

木马酒店
Trojans Hotel

湖滨四季春酒店
HuBin Spring Season Hotel

瑞豪水心精品酒店
RuiHao ShuiXin Hotel

珠海嘉远世纪酒店
Fortune Century Hotel

STARRY星栈设计酒店
STARRY Design Hotel

重庆中海可丽酒店
China Overseas KeLi Hotel

长白山万达假日度假酒店
Wanda Holiday Inn Resort Changbai Mountain

重庆俊怿酒店
Chongqing JunYi Hotel

安徽银桥金陵大饭店
Yinqiao Jinling Grand Hotel Anhui

广东阳江戴斯国际度假酒店
YangJiang HaiYun Days Hotel

南通东恒盛国际大酒店
Nantong Haimen East Hengsheng Kokusai Hotel

天津津卫大酒店
JinWei Hotel

广州纺织城逸景酒店
YIJING Hotel (GuangZhou Textile City)

雅安汉源金鑫大酒店
YaAn HanYuan JinXin Hotel

参评机构名/设计师名：

YAC杨邦胜酒店设计顾问公司/
YAC YANGBANGSHENG(INTERNAITONAL) HOTEL DESIGN CONSULTANTS LTD

简介：

所获奖项：亚太空间设计师协会—“中国最具影响力的五大设计事务所”、“亚太室内设计双年大奖”、中国室内设计20年（1989-2009）20强设计团队、中国饭店业中国酒店设计至尊荣誉大奖—“中国酒店设计最具竞争力品牌”、金堂奖中国室内设计年度评选“海外设计市场拓展奖”。

成功案例：成都岷山饭店、三亚国光豪生度假酒店、越南头顿铂尔曼酒店、厦门源昌凯宾斯基大酒店、三亚海棠湾9号等。

厦门源昌凯宾斯基大酒店

Yuanchang Kempinski Xiamen

A 项目定位 Design Proposition

酒店设计秉承了“凯宾斯基”这一欧洲最古老酒店品牌的奢华与经典，以米黄、深棕为色彩主调，设计用材注重高贵质感，彰显其厚重、沉稳、不事浮夸的品牌风范。同时，将代表地域特色的文化元素和谐地融入其中，带来更深层次的文化共鸣和尊贵体验。

B 环境风格 Creativity & Aesthetics

该项目坐落于风景旖旎的海滨城市厦门，帆船形态的建筑外观和玻璃幕墙极具视觉效果，是当地标志性建筑。设计中运用中式花格作为背景和屏风，展现中式特色的同时也衬托出庄重高贵感。中餐厅中，灯笼、茶具、中式木椅、珠帘水晶灯以及背景墙上妖娆的花朵在这种沉静的色调中共同演绎了一场茶文化的内敛奢华。客房色调柔和，雍容典雅，为疲惫一天的商旅人士提供了一个温馨的休憩所在。

C 空间布局 Space Planning

酒店大堂挑高17米，为避免大面积深色的压抑感，采用大量弧线及圆形作为空间的区隔和装饰。从天花垂直而下的圆柱形酒塔与圆形楼梯接口及大堂吧台对应，增添丰富感，构成这个高尺度空间的视觉主线。

D 设计选材 Materials & Cost Effectiveness

主要材料：贝砂金、金世纪、木纹玉石、意大利木纹石、美国酸枝、黑檀木。

E 使用效果 Fidelity to Client

满意度高。

项目名称_厦门源昌凯宾斯基大酒店
主案设计_杨邦胜
参与设计师_陈岸云等
项目地点_福建厦门市
项目面积_71000平方米
投资金额_20000万元

一层平面图

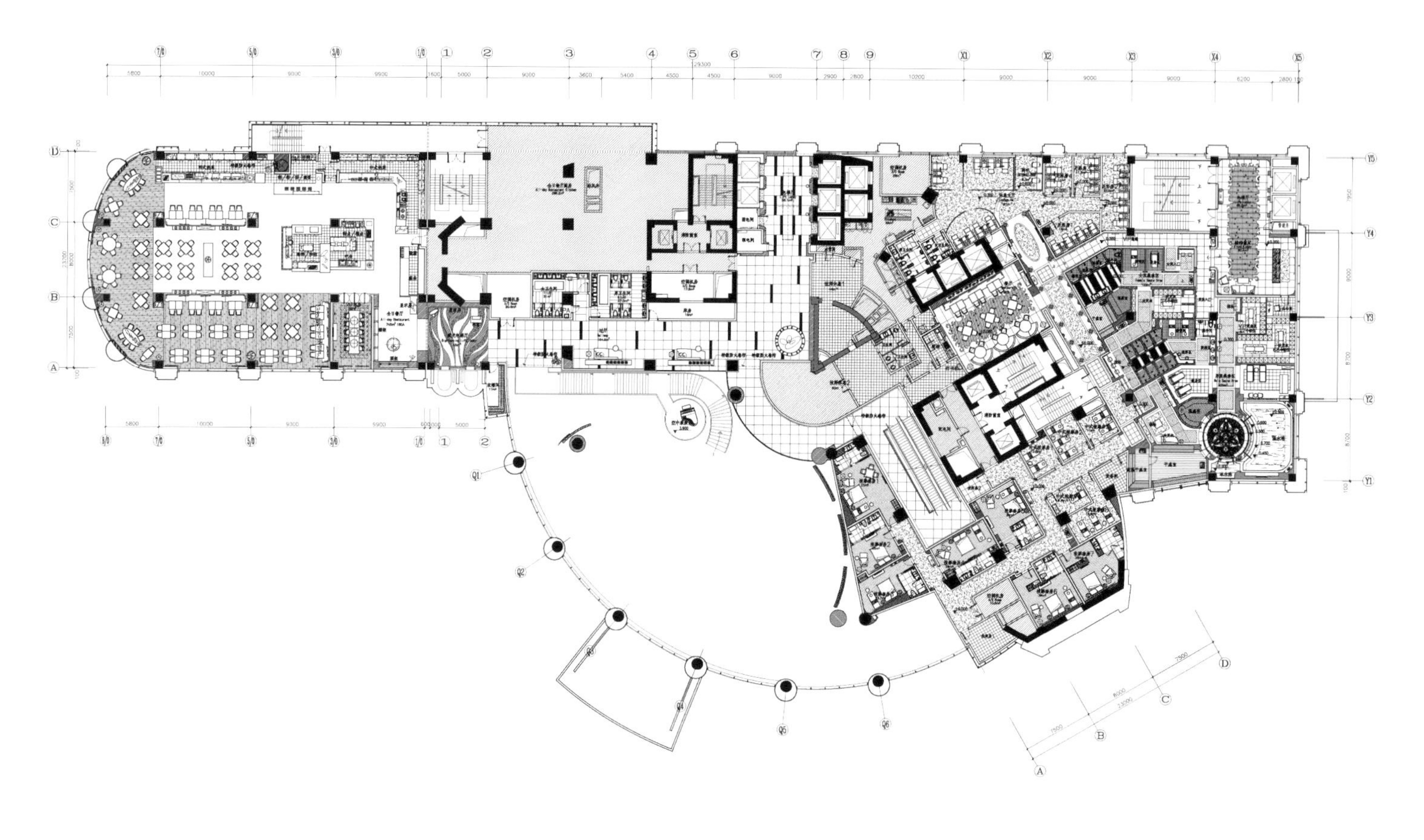

二层平面图

参评机构名/设计师名：
深圳姜峰室内设计有限公司/
Jiang & Associates Interior Design CO.,LTD
简介：
深圳市姜峰室内设计有限公司，简称J&A姜峰设计公司，是由荣获国务院特殊津贴专家、教授级高级建筑师姜峰及其合伙人于1999年共同创立。目前J&A下属有J&A室内设计（深圳）公司、J&A室内设计（上海）公司、J&A室内设计（北京）公司、J&A室内设计（大连）公司、J&A酒店设计顾问公司、J&A商业设计顾问公司、BPS机电顾问公司。现有来自不同文化和学术背景的设计人员三百五十余名，是中国规模最大、综合实力最强的室内设计公司之一。
J&A是早期拥有国家甲级设计资质的专业设计公司，其率先获得ISO9000质量体系认证，是深圳市重点文化企业。因其在设计行业的突出成就，连续六年七次荣获 “年度最具影响设计团队奖”的殊荣，并在国内外屡获大奖，得到了中国建筑装饰域高度的认同和赞扬。J&A一直致力于为中国城市化发展提供从建环境设计到室内空间设计的全程化、一体化和专业化的解决方案。求作品在功能、技术和艺术上的完美结合，注重作品带给客户的价感和增值效应，通过与客户的良好合作，最终实现公司价值。

上海浦东文华东方酒店
Mandarin Oriental Pudong Shanghai

A 项目定位 Design Proposition
上海文华东方是文华东方酒店集团入驻国内市场的第一家商务酒店。这也是文华东方集团第一次与国内室内设计团队合作。精巧的设计体现了完美的东方传承。

B 环境风格 Creativity & Aesthetics
设计师将项目的室内表现从色彩，风格以及设计手法上与其他酒店区别开来，经过前期分析和定位，将灵感来源做了仔细的筛造和提炼：黄浦江粼粼的波光、上海前卫的城市建筑、古旧里弄的玻璃窗格和梧桐树下的墨韵书香等等，以此转化成具体的设计元素贯穿于整个酒店的设计中。

C 空间布局 Space Planning
首先，在空间中大量使用现代简洁的线条和造型流畅的家具，使整个空间充满现代气息；其次，结合地域特色，用隐喻的手法将具有上海特色元素的黄浦江、屏风、窗格等融入整个设计中，让人不经意间就能发现隐匿在浓烈现代气息中的东方情怀。

D 设计选材 Materials & Cost Effectiveness
再次，运用尺度夸张的造型和精美的艺术品，营造出高雅的艺术氛围；最后，设计师跳出浓重的色彩和统一的色调，大量采用缤纷柔和的半透明材质，使原本长而窄的公共空间变得通透而开阔。

E 使用效果 Fidelity to Client
上海浦东文华东方酒店设计风格充满着东方文化灵韵，与上海规模最大的中国当代艺术品典藏相结合，尽情演绎着奢华、优雅的江畔格调与气息。

项目名称_*上海浦东文华东方酒店*
主案设计_*姜峰*
参与设计师_*袁晓云、黄日金、张超明*
项目地点_*上海 浦东新区*
项目面积_*66000平方米*
投资金额_*52000万元*

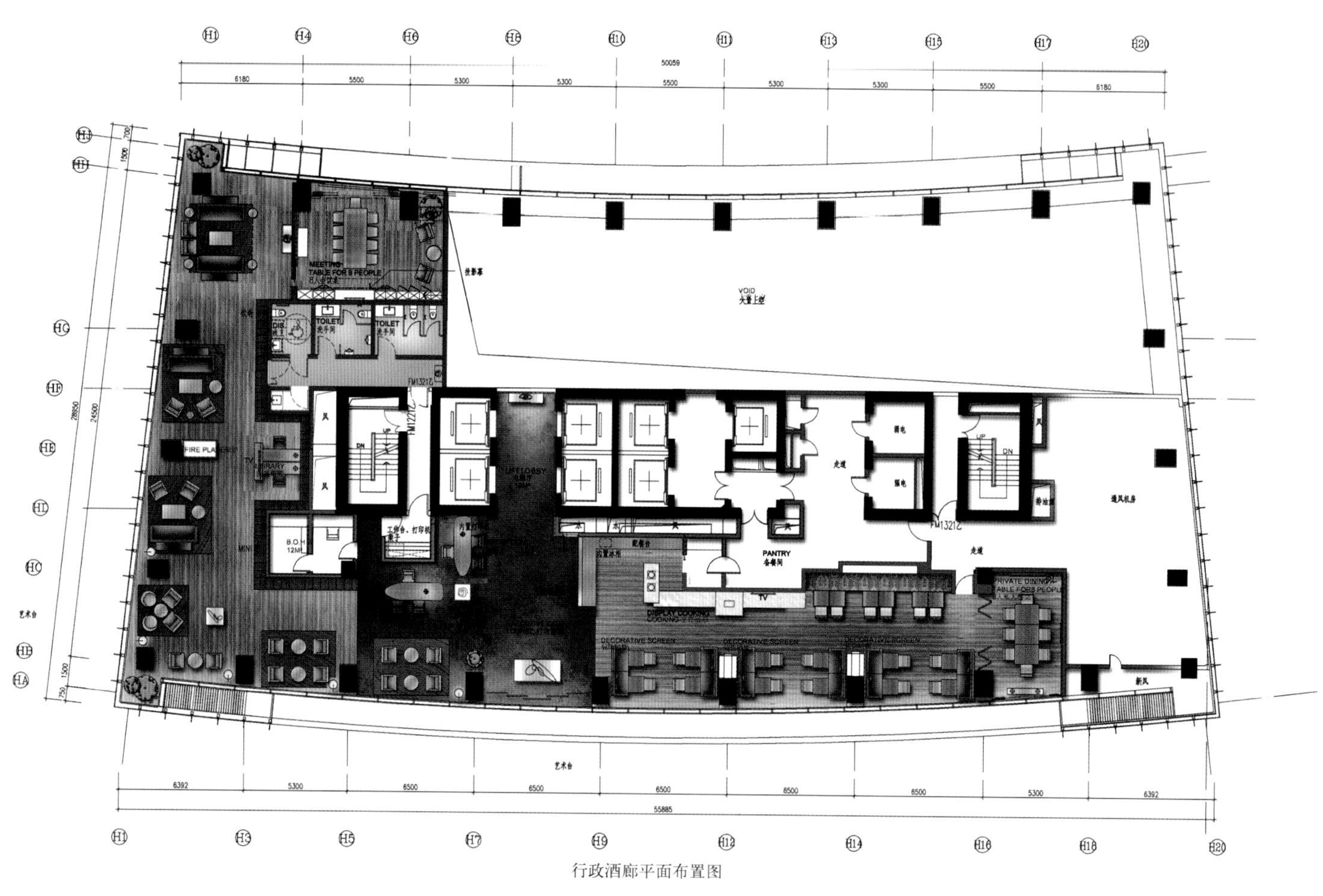
H1
H4
H6
H8
H10
H11
H13
H15
H17
H20
50059
6180
5500
5300
5300
5500
5300
5300
5500
6180
MEETING TABLE FOR 8 PEOPLE
投影幕
VOID
大堂上空
TOILET
洗手间
TOILET
洗手间
FM1321乙
FIRE PLACE
TV
LIBRARY
B.O.H
12M
MINI
工作台、打印机
LIFT LOBBY
调电
弱电
走道
排油烟
通风机房
FM1321乙
配餐台
PANTRY
备餐间
走道
TV
DISPLAY COOKING
PRIVATE DINING TABLE FOR 8 PEOPLE
DECORATIVE SCREEN
DECORATIVE SCREEN
DECORATIVE SCREEN
新风
艺术台
艺术台
6392
5300
6500
6500
6500
6500
6500
5300
6392
55885
H1
H3
H5
H7
H9
H12
H14
H16
H18
H20

行政酒廊平面布置图

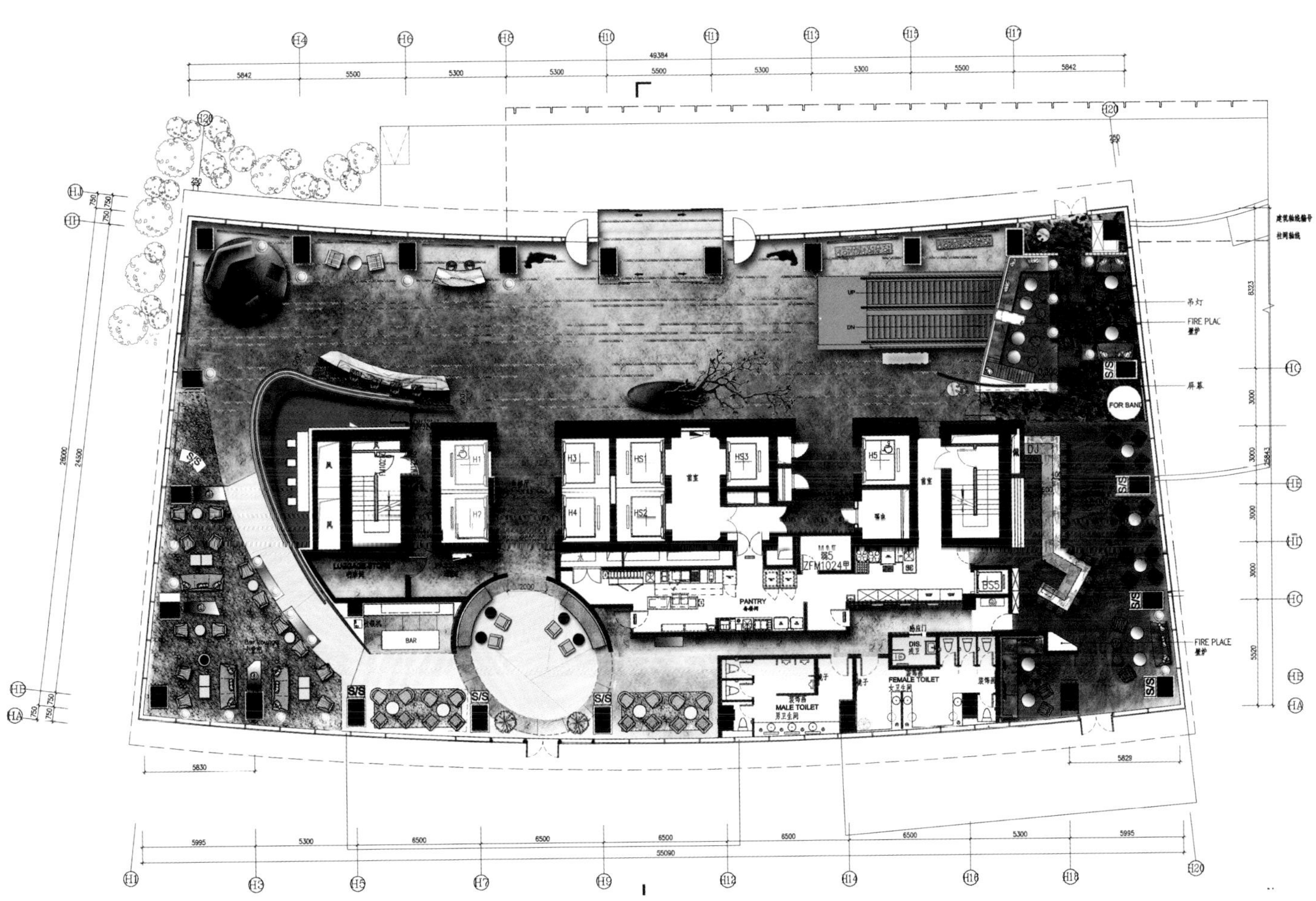

一层平面图

< 1004 - 1009
1001 - 1003 >
735 - 737

参评机构名/设计师名：
连志明 Lian Zhiming
简介：
毕业于法国巴黎ESAG Penninghen高等室内建筑及广告设计艺术学院。
于2005年创办意地筑作室内建筑设计事务所(IDEE architecture interior design firm)及大然设计品牌(DaRan Design brand)。产品涉及家具、灯具、生活器皿等领域。在设计上致力于把东方的文化，东方人的生活观念与西方的经验结合起来，着意研究自己的民族文化遗产，推崇“人性化自然”的设计理念。创作随性自然，喜欢从自然生物界的形态中探寻设计灵感。

北京趣舍酒店
Qushe Art Hotel

A 项目定位 Design Proposition
酒店位于具有深厚历史文化背景的城市——北京。通过对自然、环境、人文、建筑元素的提取、变化、衍生和组合，表现舞动的生命力和欢娱的生活气息。酒店的设计始终围绕在“趣”这一概念展开。

B 环境风格 Creativity & Aesthetics
作品掌握了时代的脉搏，将北京人积极向上的精神体现了出来。主题白色及少量红色成为酒店的主色调，简洁干练的大堂，泛着后工业时代设计的美感，客房内的家具、洁具均是由设计师量身订做的。与原有建筑空间有着很强的呼应关系。几十位新锐艺术家的加盟，也使酒店的艺术氛围得以完整体现。

C 空间布局 Space Planning
无论从视觉呈现还是使用体验，设计师都进行了独一无二的构想。空间布局上讲究点线面块交复联接的方式，用面带块，用块出线，用线绘点。利用得天独厚的自然环境。在陈设艺术上，强调舒适性和实用性；盥洗台、洗浴和坐便区空间各自独立，方便客人同时使用。整体设计注重细节，使整个设计得以完美。

D 设计选材 Materials & Cost Effectiveness
本案在材料上大量选用木材等质朴材料，表达一种平静、柔和、内敛的气质，有格调而又细腻。所有灯光均选用LED光源，尽可能节能环保；所有家具均是家具厂定制完成现场安装，尽量避免施工现场产生有毒废气与粉尘对酒店日后的使用产生不良后果。

E 使用效果 Fidelity to Client
没有生硬的设计，也没有具象的形态。处处体现“趣”的味道，拥有较高的客房入住率及客人回住率。

项目名称_北京趣舍酒店
主案设计_连志明
参与设计师_王珂、张伟
项目地点_北京
项目面积_3000平方米
投资金额_1000万元

标准A1型
标准A型
标准A型
标准A型
标准A型
标准A型
标准A4型
标准A5型
标准B2型
商店
标准B1型
标准B型
标准B1型
标准B型
标准B1型
厨房
标准A3型
标准A3型
布菲台
商务中心
前台办公室
布菲台
水池
服务台
咖啡厅
大堂

一层平面图

参评机构名/设计师名：
许建国 Xu Jianguo
简介：
安徽许建国建筑室内装饰设计有限公司创始人、设计主持。
安徽省建筑工业大学环境艺术设计专业，进修于中央工艺美术学院室内设计大师研修班，武汉艺术学院设计艺术学硕士研究生班毕业。
CIID中国建筑学会室内设计分会会员、国家注册高级室内建筑师、中国建筑室内环境艺术专业高级讲师、中国美术家协会合肥分会会员、Id+c“中国十大青年设计师”全球华人室内设计联盟成员。
获第三届精品家居中国高端室内设计师大奖商业工程类金奖。

北京寿州大饭店
Beijing Shouzhou Hotel

A 项目定位 Design Proposition
位于北京的“寿州大饭店”就是以这个历史悠久的古城为主题所建，淮河之南的古城风貌一路北上，经设计师巧手提炼，在现代的北京演绎出了别样韵味。

B 环境风格 Creativity & Aesthetics
素雅古朴的青砖被运用在空间的很多地方，仿佛带人回到过去那个小桥流水的时代。

C 空间布局 Space Planning
建筑层高较低，在地下一层和一层公共区域中，设计师安置了树根贯穿两层的柱子，提升了视觉高度，同时这种传统安徽民居形式的柱子又成了鲜明的标志。

D 设计选材 Materials & Cost Effectiveness
在取传统上“形”的同时，设计师运用了现代材质来造其“实”，黑色的圆形柱础与米色柱身皆为大理石材质，现代的质感结合传统的形式构成独特的效果。

E 使用效果 Fidelity to Client
运营效果很好，业主和消费者都很喜欢。

项目名称_北京寿州大饭店
主案设计_许建国
项目地点_北京
项目面积_16000平方米
投资金额_4000万元

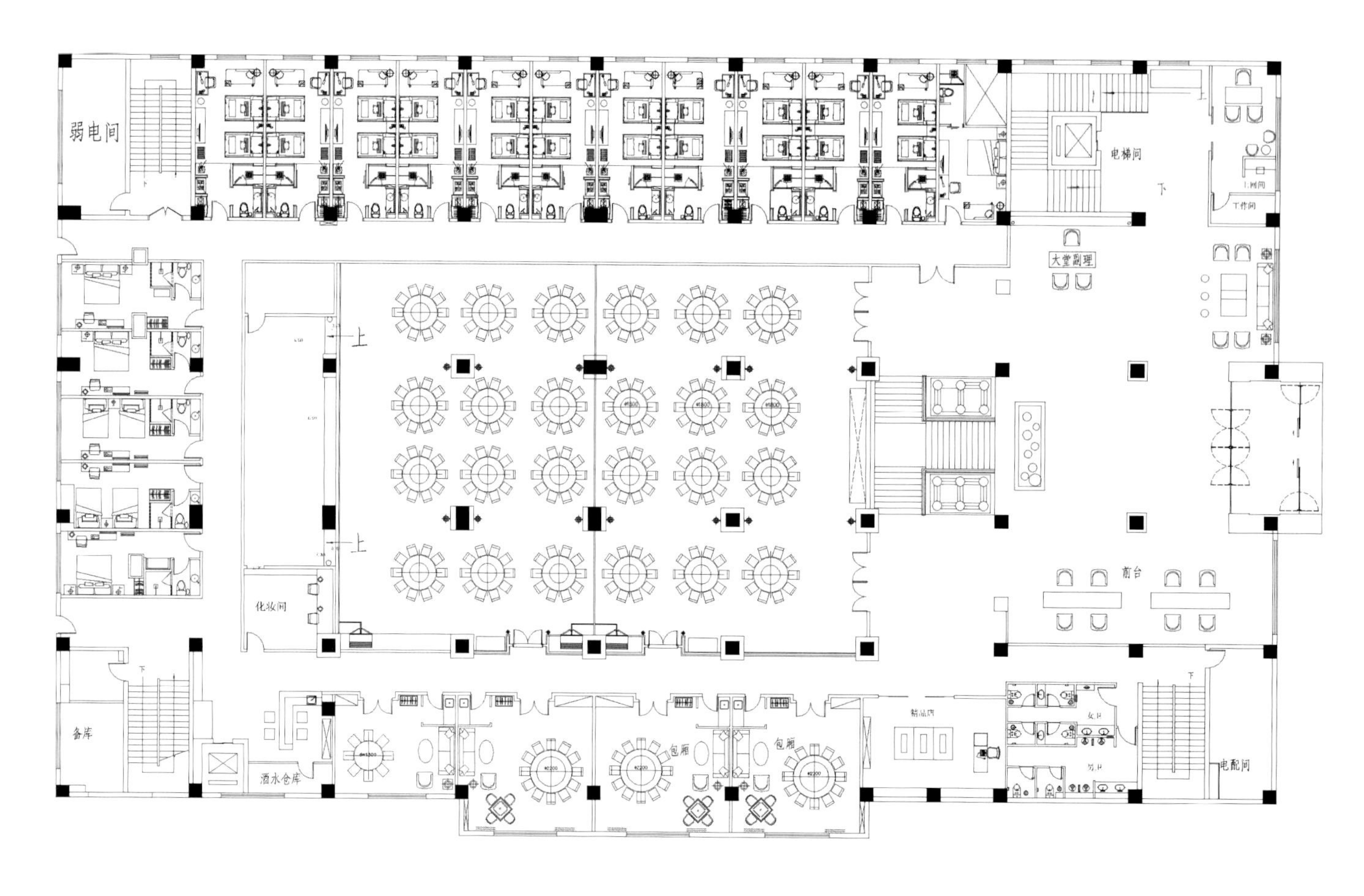
弱电间
电梯间
大堂副理
总台
化妆间
备库
酒水仓库
包厢
包厢
电配间

一层平面图

酒店设施名录
HOTEL DIRECTOR
-1F SPA 中餐包厢
LUNCH BOX
1F 大堂总台
LOBBY TOTALSTATION
自助餐厅
BUFFETRESTAURANT
商务中心
BUSINESSCENTRE
特产中心
SPECIALTYCENTER
2F 客房
GUESTROOM
3F 客房 休闲区
GUESTROOM LEISUREAREA

古城寿州

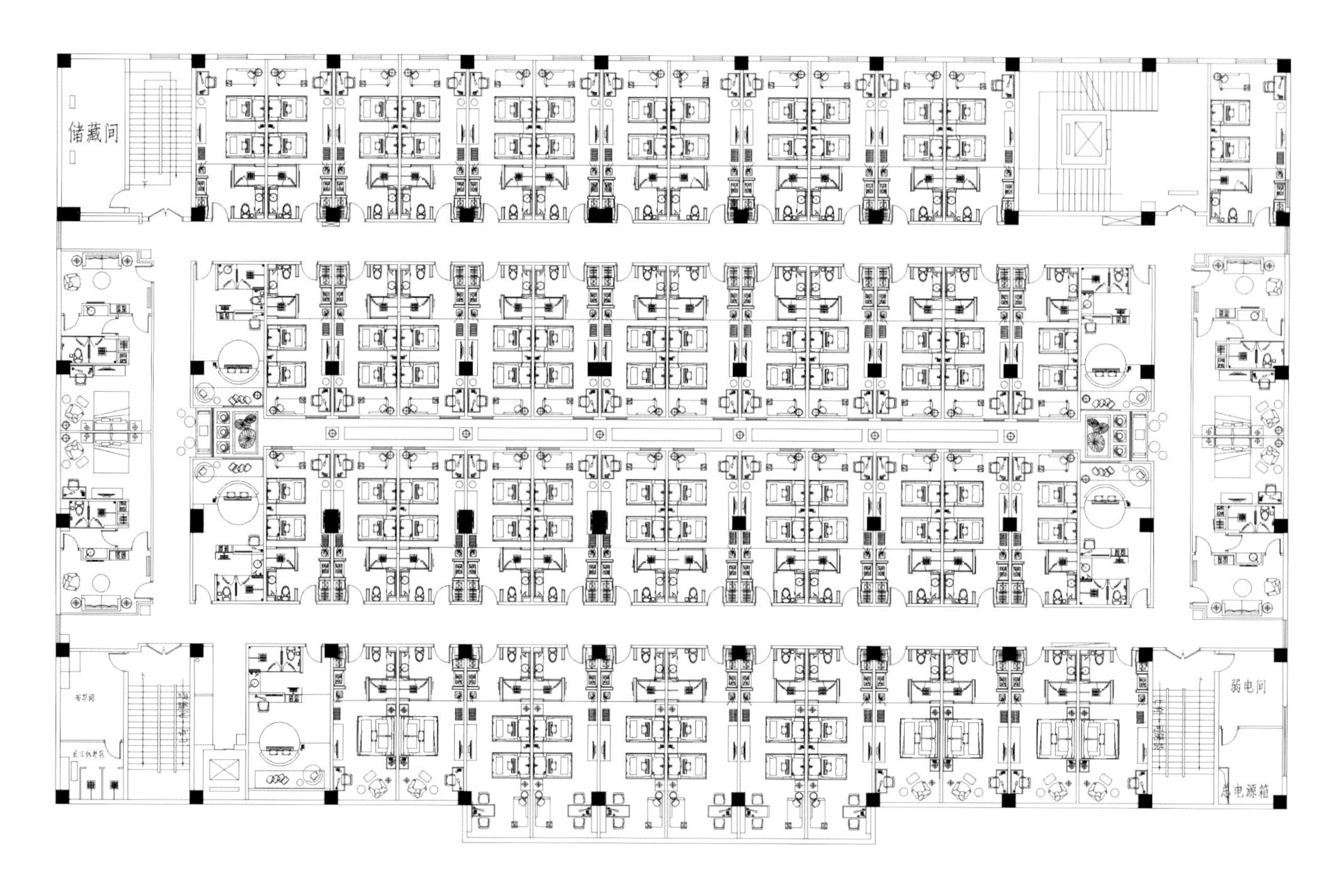

二层平面图

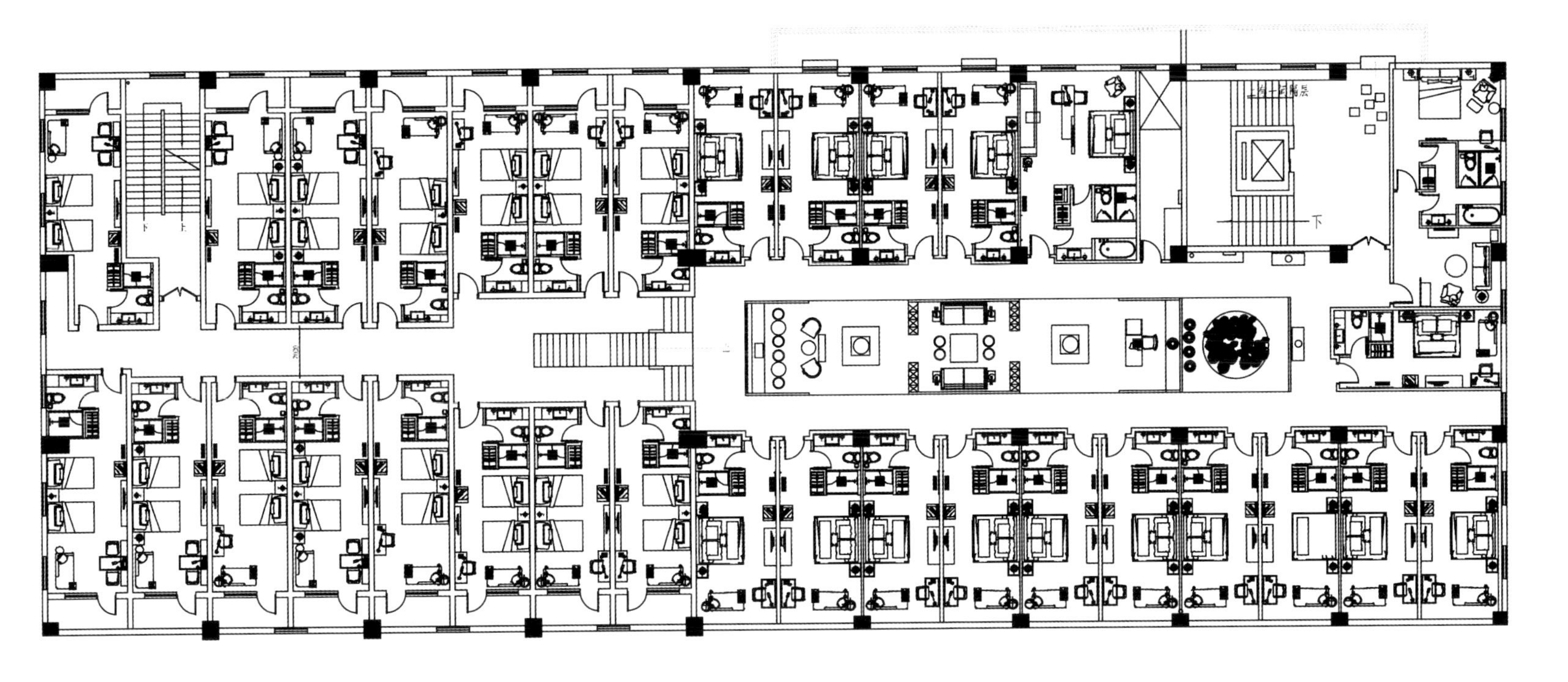

三层平面图

参评机构名/设计师名：
杨焕生 Jacksam
简介：
希望作品能呈现多元思维的设计面向，从纹路、线条、质料、裁剪、配饰、摆设到收边都整合在整体规划设计中，所呈现的不仅是空间的美感，更重要的是对于细节的要求。
所获奖项：
1.2013 两岸三地交流设计奖-"优质设计"：赫里翁C6
2.2012台湾室内设计TID AWARD设计大奖-"居住空间单层"：入围：RUBIK'S CUBE 65
3.2012美国INTERIOR DESIGN中文版2012金外滩设计奖荣获"最佳餐厅空间将"优选：Provence普罗旺斯餐厅
4.2012美国INTERIOR DESIGN中文版2012金外滩设计奖荣获"最佳材质运用奖"优选：Provence普罗旺斯餐厅
5.2012两岸三地交流设计奖"新锐设计奖"木宅 W- HOUSE
6.2011年度DECO TOP DESIGN AWARD荣获顶尖设计奖
7.2011台湾室内设计TID AWARD设计大奖-"居住空间单层"：入围：大雄建设L-HOUSE。

H—Luxury 酒店
H-LUXURY RESORT HOTEL

A 项目定位 Design Proposition

旧建筑改建景观餐厅，拆除原建筑立面仅保留原结构系统。原本基地环境优越，景观条件极佳，所以在外观选材上以钢构+铁件烤漆为主要建材，为建筑立面搭配，运用序列式方管格栅依基地边缘排列形成一斜口矩形样式，搭配石材等元素，将旧建筑活化，让原本铁皮建筑重新诠释何谓"Green style用餐空间"。

B 环境风格 Creativity & Aesthetics

以黑色为主调搭配线性天然木纹木皮饰板及装饰墙，并借景室外绿意将户外开放空间借由烤漆铁件及半透明玻璃界面将绿意引进室内。大量的镜面玻璃反射了户外的自然绿意，形成透视感极佳的室内空间。

C 空间布局 Space Planning

挑高的圆形天花搭配黑色典雅珍珠吊灯，吊灯弧形线条与垂直的流梳，高高低低，像是阳光照在精致黑珍珠与白珍珠上的内敛及奢华，典雅线条里闪烁着游走于虚实之间的低调风采。

D 设计选材 Materials & Cost Effectiveness

为空间订制一专属于旅馆基调风格包含空间、灯具及家具，推翻一般空间"繁华"、"浪漫"，舍弃一般缤纷浓烈的室内氛围，采取黑白色调的冷硬质感并赋予材质上温润的造型，打造出截然不同的空间感受。

E 使用效果 Fidelity to Client

精神就在于创造自然浪漫的城市度假狂想，透过植物、阳光、空气、水等元素，让身体、心灵彻底释放，不同风情的住房，同一种放松生活的态度，回复宁静，卸下都市面具，过一个不必交际应酬的周末假期，在这享受一段几乎奢侈的优闲时光，达到优雅与放松的完全平衡 。享受一段都市慢活假期。

项目名称_*H-Luxury酒店*
主案设计_*杨焕生*
参与设计师_*郭士豪*
项目地点_*台湾彰化市*
项目面积_*5000平方米*
投资金额_*4000万元*

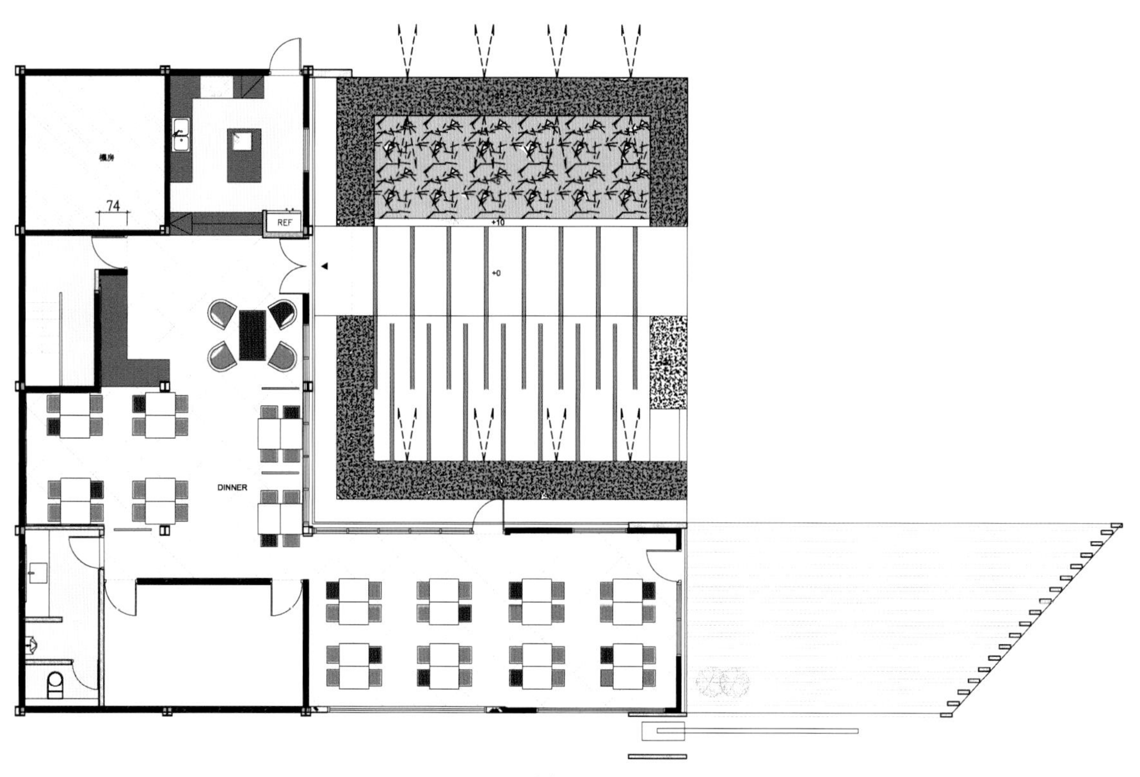

中餐厅平面图

GatoNegro
SAN PEDRO
GatoNegro
SAN PEDRO

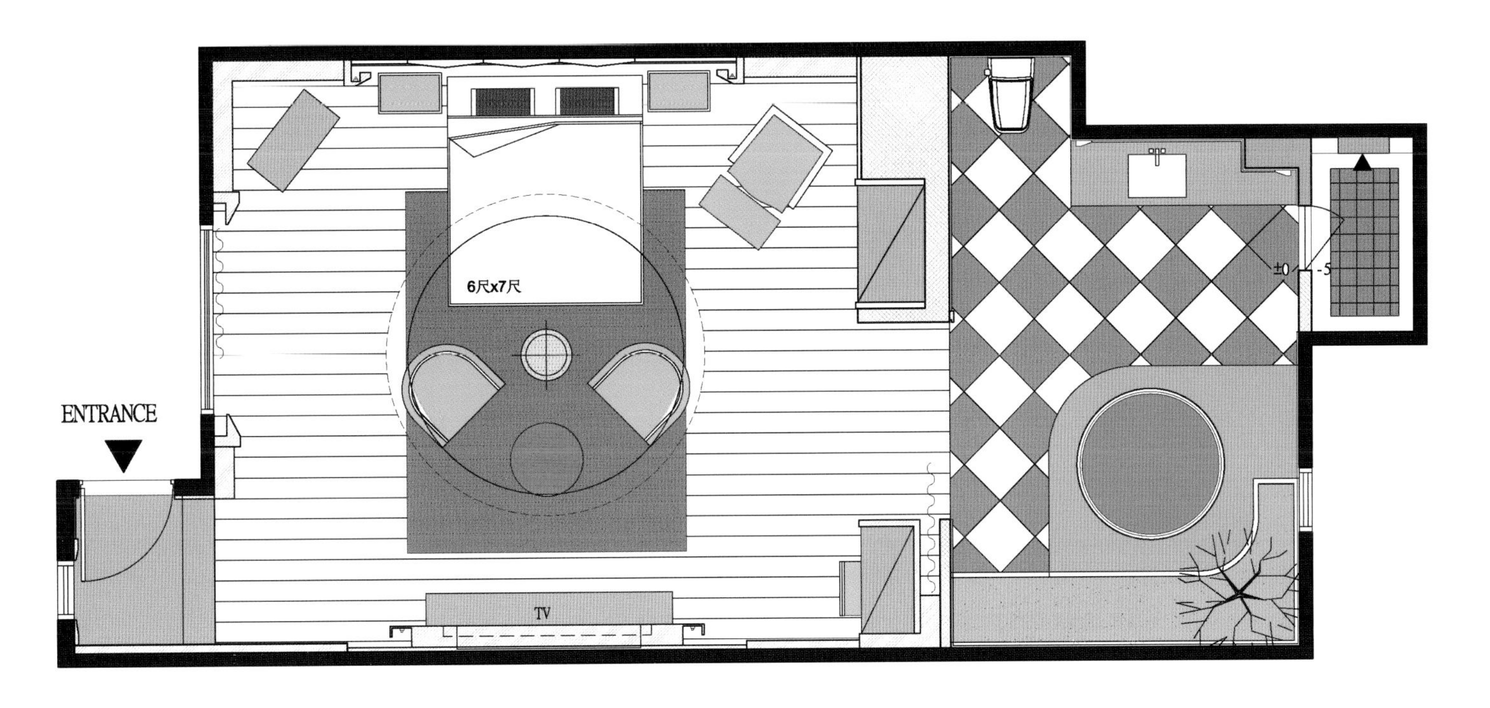

标准层平面图

参评机构名/设计师名：
郑小华 Zheng Xiaohua
简介：
运用个性化的色彩，勇于与众不同；鲜艳、特殊、前卫，均成为空间内的最佳主角。平淡、直板、守旧，皆是衬托剧情的序幕。一切一切、宛如在白色的画布尽情创意挥洒，对比出明亮动人的空间层次，给所有有想法的人、也给勇于尝试的人。

上虞宾馆
Shangyu Hotel

A 项目定位 Design Proposition
江南园林风格度假商务酒店，是浙江南湖之畔唯一的一家山景合院式度假商务酒店，运用复兴传统风格设计，将传统、地方建筑的基本构筑和形式保持下来，加以强化处理，突出文化特色以及地域特色——上虞特有的"禹文化"、"青瓷文化""江南文化"。

B 环境风格 Creativity & Aesthetics
酒店项目位于上虞的一个私家山顶上，山体后高前低，自然景观优美且浑然天成。以合院为主题的设计不仅蕴藏了深厚的地域性文化情感，也忽略了酒店本身的商业气息，使建筑体更加自然地相融于自然景观之间。

C 空间布局 Space Planning
宽绰明朗的空间，纵观全景的玻璃墙，俏而争春的盆栽，俨然与户外景观浑然一体。以感怀的心去触摸"四合院"内心的丰富，以风格独特的建筑室内空间、品味独具的艺术品鉴赏，高调享受生活。体贴入微的酒店设计，大堂、西餐厅、餐厅、客房，让身处酒店的客人也能感受到家庭般的温馨。

D 设计选材 Materials & Cost Effectiveness
使用了通常被用在建筑外墙的灰砖作为内部装修建材之一，营造出建筑的特殊美感与功能。在每个空间内部随处可见的木雕屏风与青瓷洗脸台再度验证了设计师刻意交织古今与中西于一体的设计巧思。

E 使用效果 Fidelity to Client
有别于传统豪华酒店所提供的服务，上虞宾馆秉承让客人独享"雕琢奢华"的理念，将度假胜地的感觉巧妙地融入于当代都会空间中，形成低调奢华和内敛雅致的现代触感，现代风格与复古主义相互融合，丰富的感官体验，让宾客沉浸在个人专属奢华所带来的全新感受中。

项目名称_上虞宾馆
主案设计_郑小华
参与设计师_李水、董元军、楼婷婷
项目地点_浙江绍兴市
项目面积_23000平方米
投资金额_4600万元

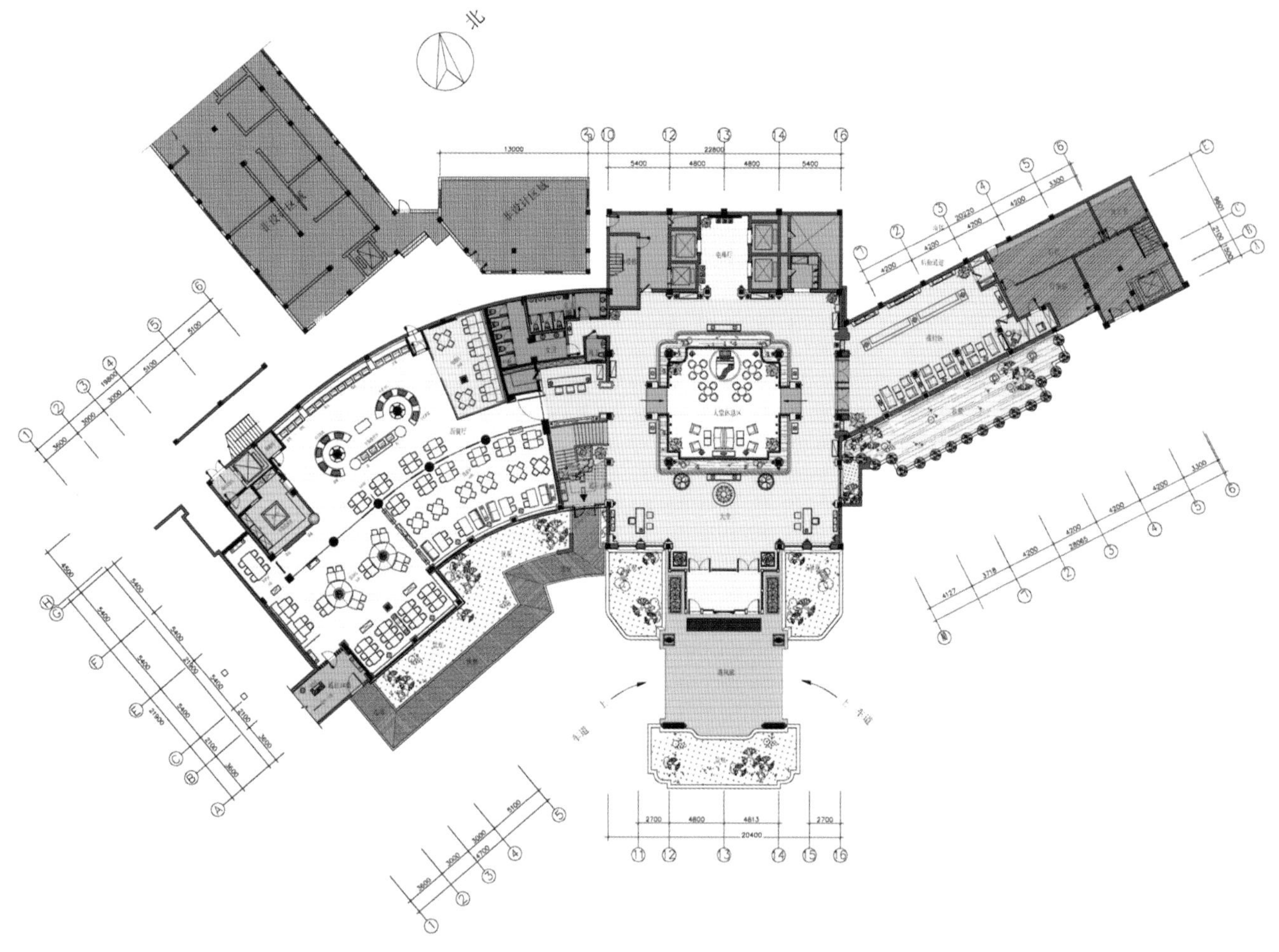

一层平面图

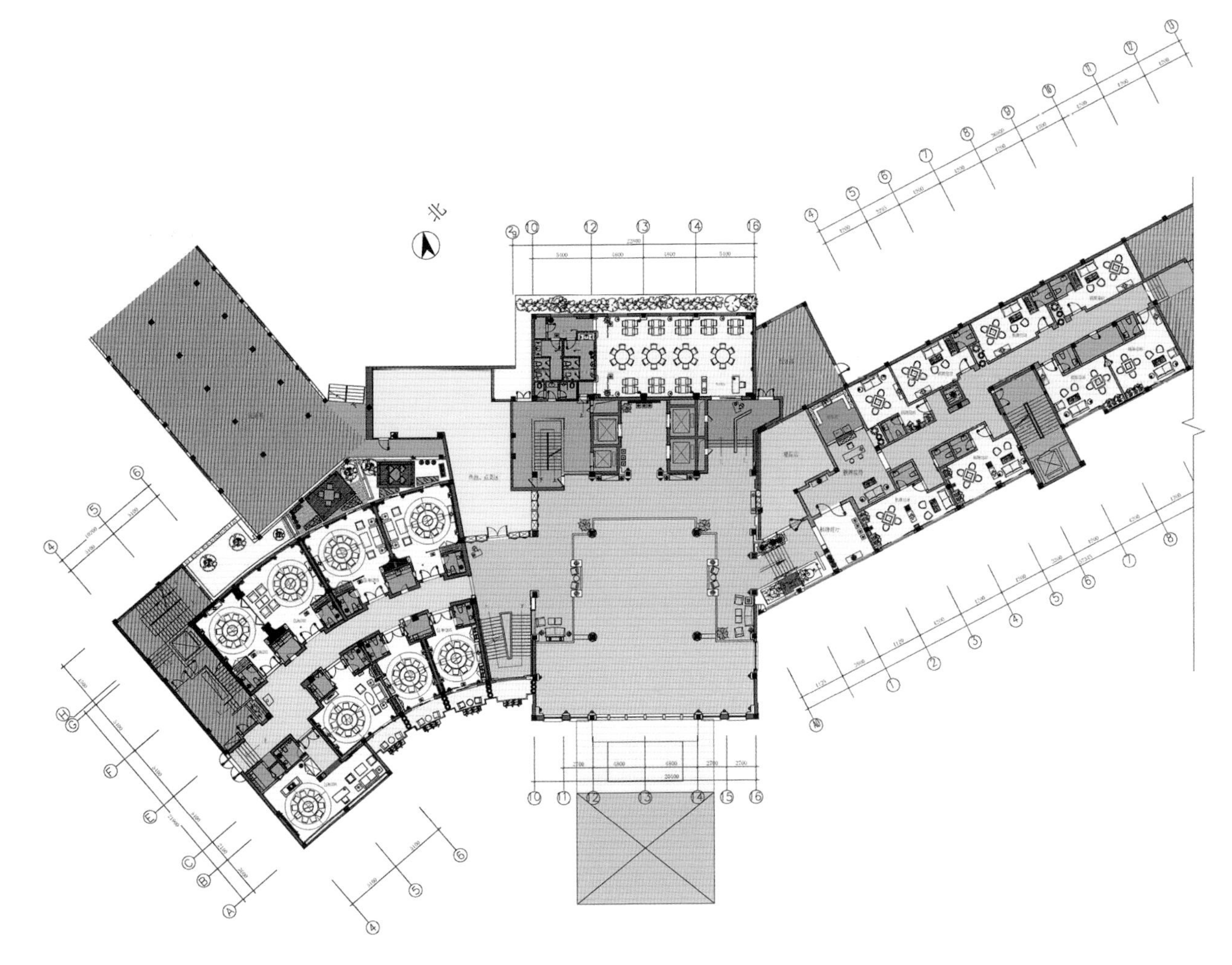

二层平面图

参评机构名/设计师名：
伍强 Gavin Wu
简介：
1997-2001年，福州喜来登装饰设计工程有限公司副总经理、首席设计。
2002-2005年，重庆日清城市景观设计有限公司副总经理、主设计。
2005-2008年，组建重庆艾唯室内装饰设计事务所总经理、首席设计。
2008至今，公司更名为重庆艾唯室内装饰设计有限公司总经理、首席设计。

木马酒店
Trojans Hotel

A 项目定位 Design Proposition

如今，一成不变的工作环境和倍感压力的生活节奏使得都市人们无所适从。清醒的他们拒绝一切约定俗成，而要追求一种无意、偶然和随兴而做的生活态度，木马酒店让他们存在！

B 环境风格 Creativity & Aesthetics

整个木马酒店自始至终我们都避谈风格，反常规挑战习惯，解构与重组则是我们设计一直坚持的。

C 空间布局 Space Planning

通过对项目背景的理解和对艺术文化的延伸思考，在坚持反常规的理念下，我们做了很多全新视觉感受的空间细节。如：门厅处向内延伸的墙面；穿过墙体的马；挣脱地心引力向下生长的仿真植物；走廊房门上谐趣横生的色彩表情等等……

D 设计选材 Materials & Cost Effectiveness

本案的设计选材谈不上什么创新，只是受制于成本控制的因素，借鉴了许多平面广告的手法来制作。如果这是一种创新的话，那么我们整个酒店的设计选材就是挖空心思的寻找便宜普通的材料，再挖空心思变换它的做法和表现形式。

E 使用效果 Fidelity to Client

木马酒店投入运营后，以它独到的设计理念，特有的设计手法，以及颇具特色的艺术效果，在当下诸多主题、风格都相对同质化的市场中，带来了一种反常规的时尚艺术气息，从而创造出全新的视觉感受。为求新、时尚、年轻化的人们打造出属于他们的艺术空间。

项目名称_木马酒店
主案设计_伍强
参与设计师_侯俊、刘意、苟博、马煜、魏文松、刘也、杨梦春、蒋希
项目地点_重庆
项目面积_4500平方米
投资金额_700万元

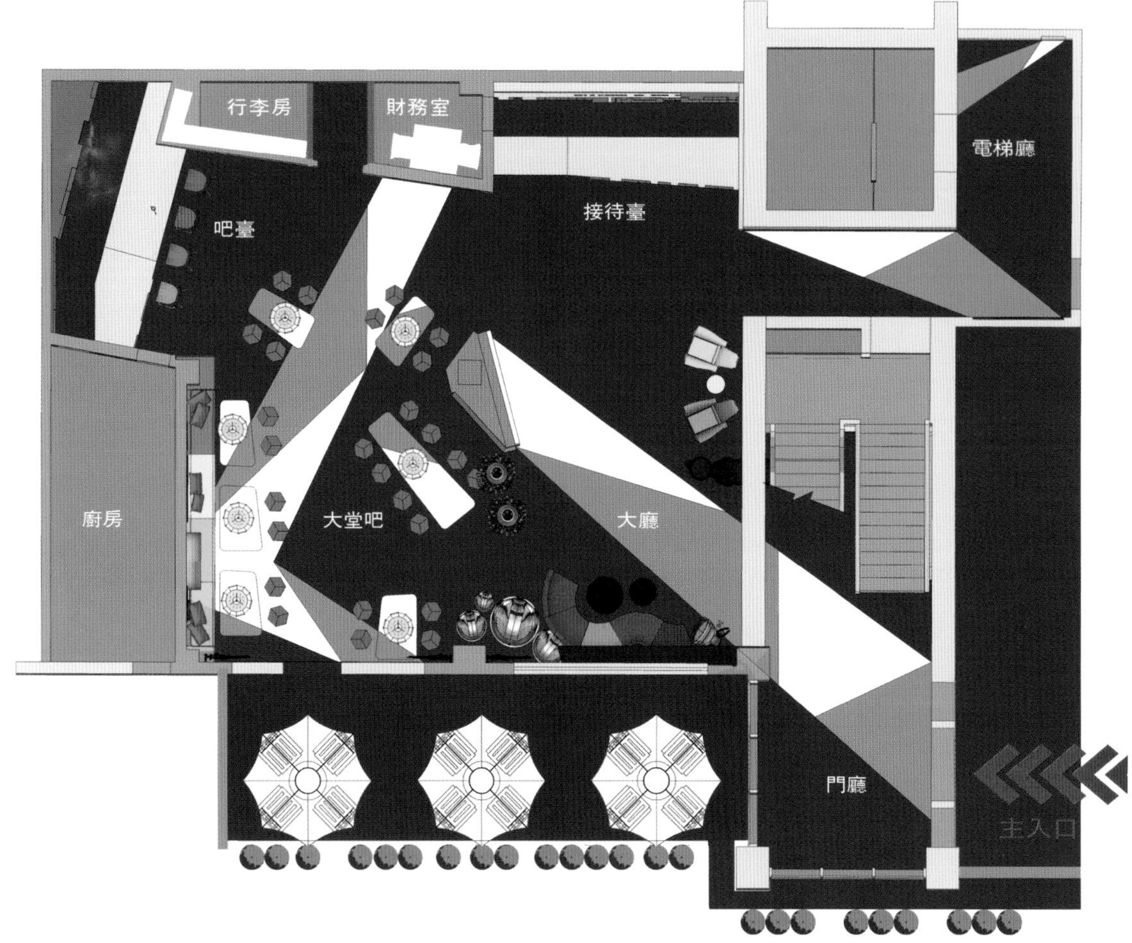

一层平面图

DREVĚNÝ
ТРОЯНСКИЙ
トロイの
ТРОЯНСКИЙ
CABALLO DE MADERA
HOUTEN PAARD
HÖLZERNES PFERD
STEKESPADE HEST
TROJAN
HOUTEN PAARD HÖLZERNES PFERD
STEKESPADE HEST
木馬
HOUTEN PAARD
ТРОЯНСКИЙ
CABALLO DE MADERA
CHEVAL EN BOIS
HOUTEN PAARD
HÖLZERNES PFERD
PUINEN HEVONEN
トロイの 木馬

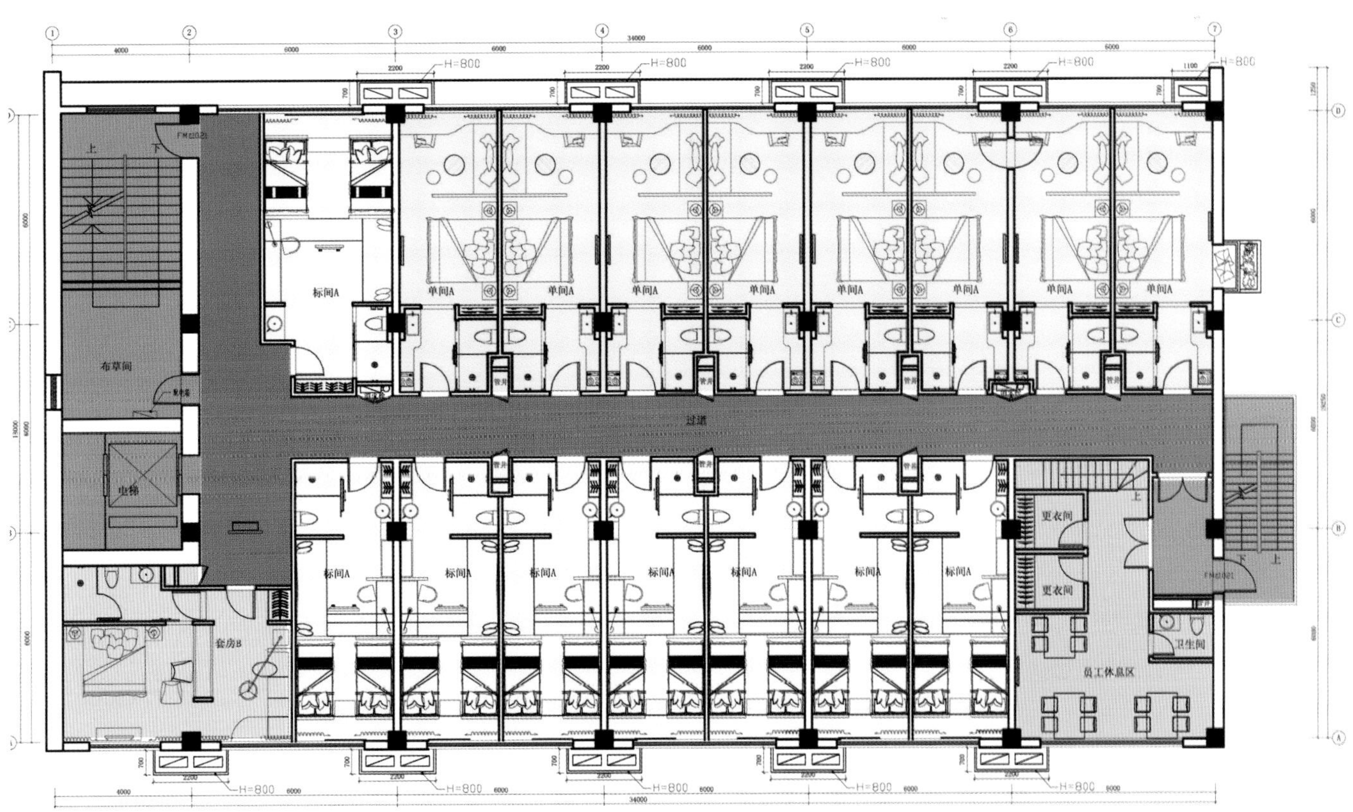
34000
H=800
标间A
单间A
布草间
过道
电梯
套房B
更衣间
卫生间
员工休息区
上
下

二层平面图

参评机构名/设计师名：
范日桥 Fan Riqiao
简介：
中国建筑学会室内设计分会 高级室内建筑师，
中国建筑装饰协会 高级室内建筑师，
CIID中国建筑学会室内设计分会第三十六（无锡）专业委员会 常务副主任，
IFI 国际室内建筑师/设计师联盟 会员，
法国国立科学技术与管理学院项目管理硕士学位，
2009年中国国际艺术博览会中国室内设计年度三十三人物之一，
江南大学设计学院建筑环艺学部课程顾问。

湖滨四季春酒店
HuBin Spring Season Hotel

A 项目定位 Design Proposition
在设计表现上，契合目标价值观。项目周边主力目标群为高收入中青年，具备“三高”共性，其消费习惯与消费空间调性需求上上更重视轻松、休闲和基于简约的品质感，回归意向鲜明。

B 环境风格 Creativity & Aesthetics
本项目环境营造采取“内外联动”，即室内与室外的环境逻辑，通过室内的开敞感受和动线的流转，与室外水景广场的呼应，延及整个湖滨景致，完成与自然的亲和互动。

C 空间布局 Space Planning
在空间布局上，“丰富性”成为整个室内空间的关键词，在整个大基调统一的背景下，依照各楼层不同的功能空间，在设计手法、空间切割上进行差异化表现，形成大小、重简、曲直、古今等不同向度的混响。

D 设计选材 Materials & Cost Effectiveness
木质在空间上得到最大化重视。现代简欧与日式相融的建筑，绿色葱茏的基地环境，适合自然化材质的介入，木质的内敛与自然成为首选，在处理方式上采用“做旧、做新参差揉和。

E 使用效果 Fidelity to Client
经营后的业态呈现利好趋势，一方面周边目的地型消费客群，从空间气质与业态气氛中得到了身心眷顾，另一方面，由于环境吸引，一些途径客群也渐次增多。

项目名称_湖滨四季春酒店
主案设计_范日桥
参与设计师_冯嘉云、孙黎明、郭旭峰
项目地点_江苏无锡市
项目面积_9000平方米
投资金额_5000万元

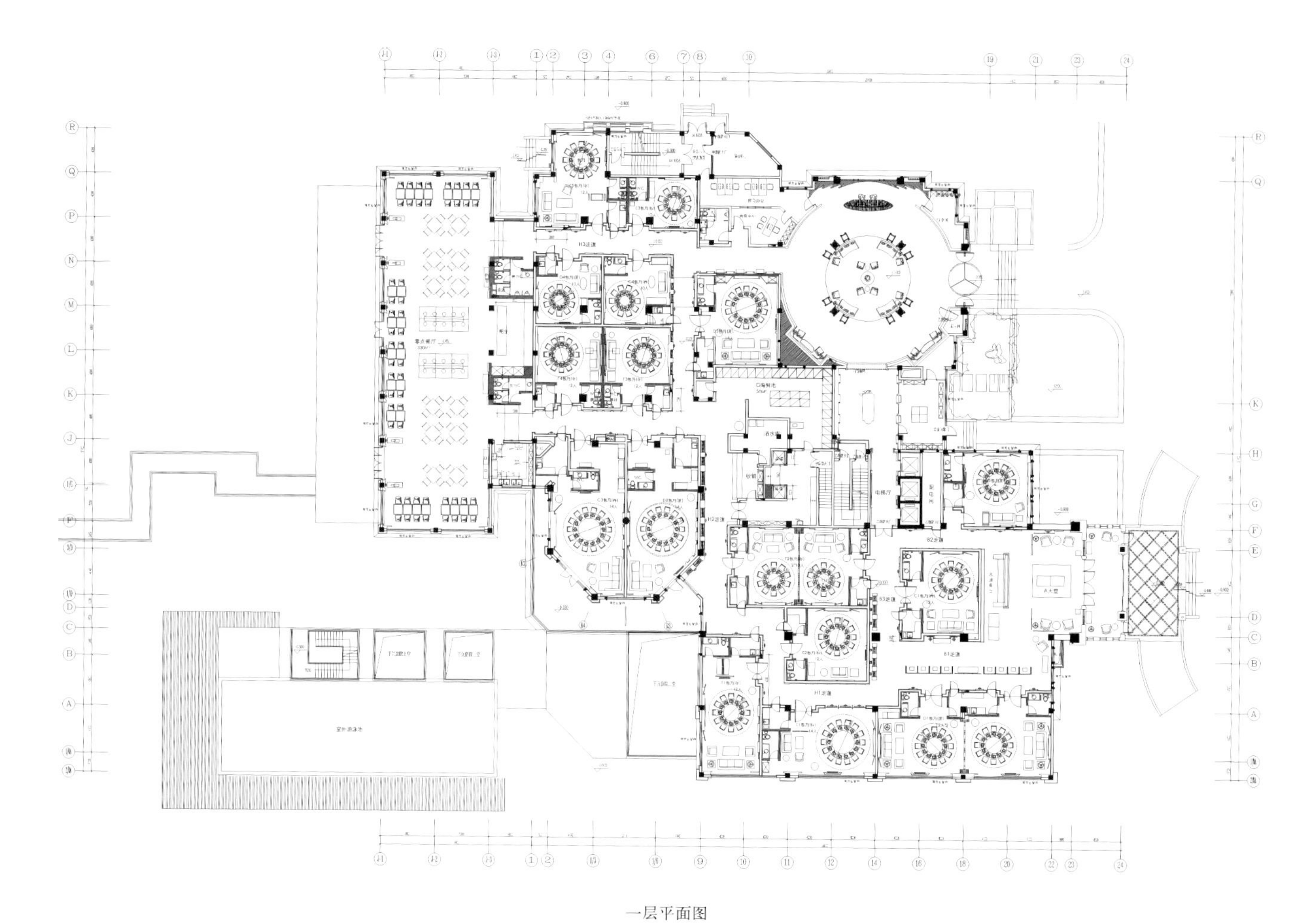

一层平面图

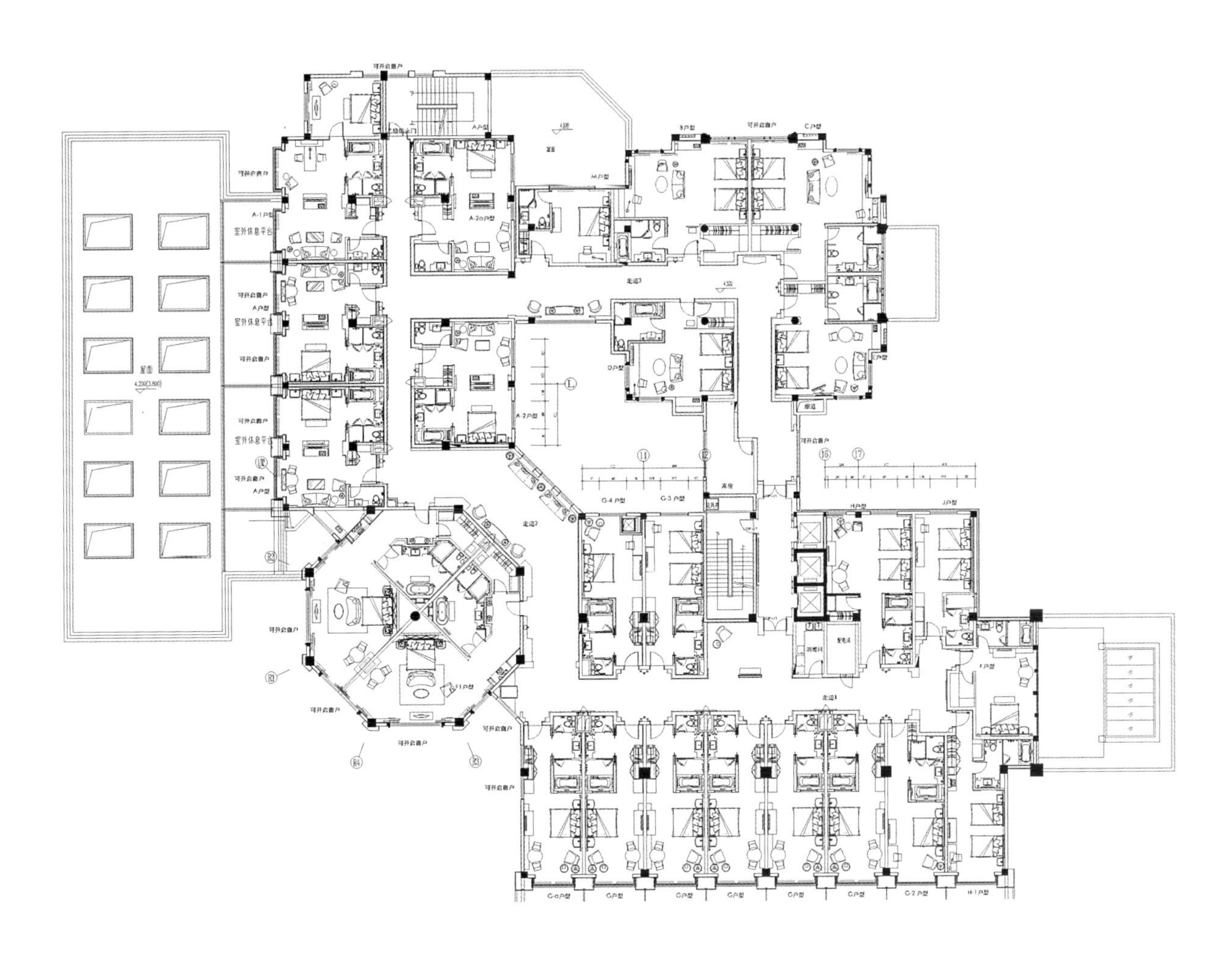

二层平面图

三层平面图

参评机构名/设计师名：
潘怡 Pan Yi
简介：
1996年至今，温州大学美术与设计学院。
2009-2010，温州上工设计顾问事务所。
2010至今　温州正造建筑装饰工程有限公司。
所获奖项：
2010-2013 古建筑装饰与中国界画艺术的比较研究，国家教育部获得第二名；
2009温州一品皇庭大酒店，亚太建筑师与室内设计师联盟优秀奖；
2008.12《灵境诗心山水间-温州松台景园的新山水文化，全国艺术硕士学位教育指导委员会优秀奖；
2007.11温州万豪大酒店餐饮空间，中国建筑学会室内设计分会入围奖。

瑞豪水心精品酒店
RuiHao ShuiXin Hotel

A 项目定位 Design Proposition
当下城市快节奏使每个人的生活变得非常忙碌，没有片刻的休闲，面对自然环境的机会更是少之又少，想离开城市又苦于自己的事业，能不能在城市里开辟一个自然的、园林的、安静的、让自己整理思绪的、调整身心的地方。过一种时隐时现的隐士生活。

B 环境风格 Creativity & Aesthetics
本案结合当地的人文特色、地域特点，以“都市隐园”为设计主题。并以泛亚洲的东方设计概念。

C 空间布局 Space Planning
我们结婚自己的设计专业知识并根据酒店原有的建筑结构、园林特点、历史背景等元素。

D 设计选材 Materials & Cost Effectiveness
追求原始元素。

E 使用效果 Fidelity to Client
本案重新梳理酒店功能及整体空间环境，最终原“水心饭店”重新塑造成为“瑞豪.水心精品酒店。

项目名称_*瑞豪水心精品酒店*
主案设计_*潘怡*
参与设计师_*武永刚*
项目地点_*浙江温州市*
项目面积_*12000平方米*
投资金额_*2000万元*

SONY

参评机构名/设计师名：
杨佴 Yang Er
简介：
深圳室内设计师协会常务理事，深圳优秀设计师。
荣获2013 第八届中国国际建筑装饰设计博览会大奖——《2012-2013年度中国十佳空间设计师》《2012-2013年度中国十佳商业规划设计师》
中外酒店第八届白金奖十大白金设计师
中外酒店第八届白金奖十大中国酒店设计精英
2012年度中国室内设计学会奖。
近期代表项目有：酒店会所——珠海嘉远世纪酒店中山日企会所；商业空间——重庆时代广场娇莉芙店北京、上海、广东、济南、沈阳，美容连锁店，武汉万达汉街文华书城，福州仓山万达文华书城，拱北文华书城，地产项目——珠海华发新城，海南鲁能三亚湾私宅别墅，珠海华发范宅。

珠海嘉远世纪酒店
Fortune Century Hotel

A 项目定位 Design Proposition
设计师秉承 “艺术走进生活”的设计理念，依据“以艺术融入酒店，用酒店感触艺术”的设计原则，运用现代简约的构成形式，与中式传统文化元素结合碰撞，孕育出多元化现代风格。

B 环境风格 Creativity & Aesthetics
大堂中空，屏风式的木结构墙，成为空间形象主题。在材料及构造上，用缅甸柚木，以万字形和斗拱交错搭接，部分实木贴金和具有现代结构感的槽钢穿插在其中，增添了逻辑构成和材质对比之美。西餐厅的设计，虽是西式用餐环境，具有国际现代的时尚感，但也注重内在的本土文化之情。在色彩方面，安静的灰色为整体空间主调，中间鼓体表面则运用汉代深色漆器工艺进行强调，沉稳的暗黑中透出一些红褐色，斑驳迷离，折射出古今之情节。中餐厅及包房的设计，为现代的中式主题风格。

C 空间布局 Space Planning
酒店大堂在空间的构成上，打破了约定俗成的大堂天花设计，传统的大堂天花惯例围绕着吊灯来表现。而嘉远世纪酒店大堂采用具有张力的鼓形玻璃体作为主题。鼓状玻璃造型的构思来源于中国传统的乐器——鼓，玻璃中间还夹着水墨国画的丝纱，它与鼓结合表达出的寓意与深远，足以超越吊灯的表现力。

D 设计选材 Materials & Cost Effectiveness
大堂的上空位置——主题形象立面的上部，木结构造型屏风墙成为文化风格主题，背后的中式包房，也能借此景观屏风。用材及构造上，用实木以斗拱和几字形交错搭接，部分实木贴金箔，具有现代结构感的槽钢穿插其中，有着矛盾的对比与逻辑构造之美。虽然是现代构成的形象主题，其结构中也蕴涵中式情结。

E 使用效果 Fidelity to Client
反映良好，新颖，独特，有文化。

项目名称_*珠海嘉远世纪酒店*
主案设计_*杨佴*
项目地点_*广东珠海市*
项目面积_*13000平方米*
投资金额_*5000万元*

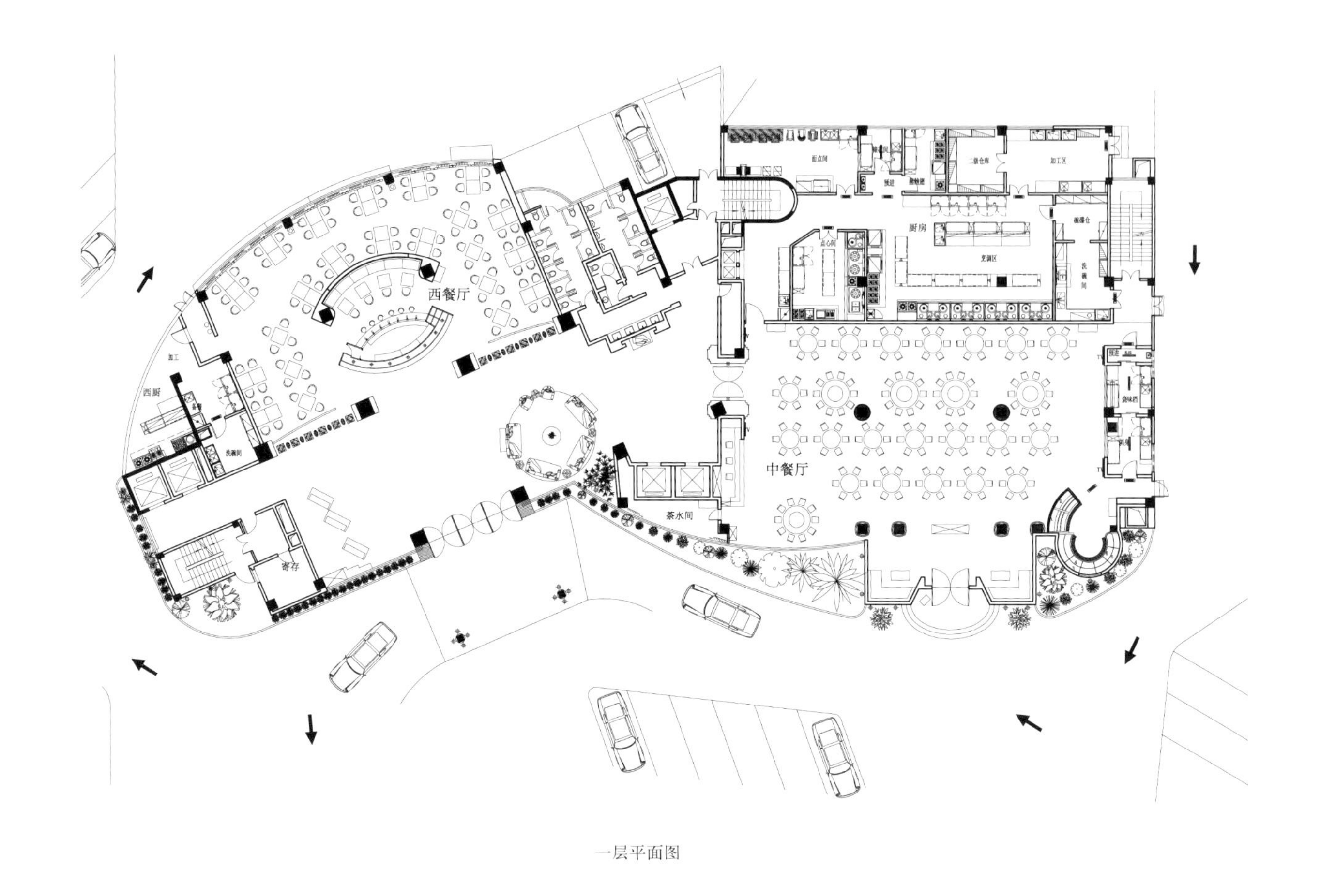

一层平面图

雲峰畫苑展示中心
WAN FUNG ART GALLERY EXHIBITION CENTER
嘉远艺术会所
FORTUNE ART SALON

参评机构名/设计师名：
赖旭东 Lai Xudong
简介：
首届中国住宅室内设计大奖赛提名奖，
2001年中国室内设计大奖赛二等奖，
2002年中国是内设计大奖赛佳作奖，
2003年亚太地区室内设计大奖赛入围奖，
2004年获《1984-2004年全国百名优秀室内建筑师》称号，
2004年第二届中国西部工业明日设计之星大奖赛二等奖，
2005年第三届中国西部工业明日设计之星大奖赛优秀指导教师奖，
2006年第六届中国室内设计双年展银奖，
2007年中国室内设计大奖赛酒店类一等奖、第三届IFI国际室内建筑师联盟大奖赛酒店类一等奖、十五届亚太地区室内设计大奖赛酒店组银奖，
2008年中国室内设计大奖赛酒店类一等奖，
2008年亚太室内设计双年大奖赛佳作奖。

STARRY星栈设计酒店
STARRY Design Hotel

A 项目定位 Design Proposition
首先投资要小，用略高于快捷酒店的造价，投资一个让顾客物有所值的中端消费酒店，用艺术和现代时尚的设计方式来创造这增值的价值。

B 环境风格 Creativity & Aesthetics
因项目不临街，掩埋于其他高低参差不一的楼房中，故外观一定要时尚耀眼，设计师在控制造价情况下，用灰色外墙漆重新粉饰了原破旧不堪的大楼，并装上五色的LED灯，整个外观顿时亮丽夺人。

C 空间布局 Space Planning
考虑投资回报率，只保留了传统酒店的大堂、客房，并增设了一个特色的多功能鲨鱼吧，解决就餐同时也解决了夜晚长沙传统的酒吧消费。

D 设计选材 Materials & Cost Effectiveness
挖掘了代表星光的发射型圆点图案，用于地面、墙面贯穿于整个酒店，并由此联想在大堂中空悬挂了具有装置感，由球形灯组成的天空抽象云朵，再配合变色LED的照明，营造出了星光旖旎的另类艺术大堂；多功能吧设计中置入新颖刺激的鲨鱼大型水族馆，配合大量的喷墨水泡和天地水泡型纹样，让客人恍如置身海中；在客房中设计师用惯有手法分为红、绿、橙三种，家具陈设与之统一，并加入大幅黑白喷绘艺术以及从入口到大堂到客房的公仔玩偶，让整个客房具有艺术性和调侃趣味性。

E 使用效果 Fidelity to Client
因定位准确，创意独特，在长沙同类酒店中脱颖而出，广受好评。

项目名称_*STARRY星栈设计酒店*
主案设计_*赖旭东*
参与设计师_*夏洋*
项目地点_*湖南长沙市*
项目面积_*5800平方米*
投资金额_*1100万元*

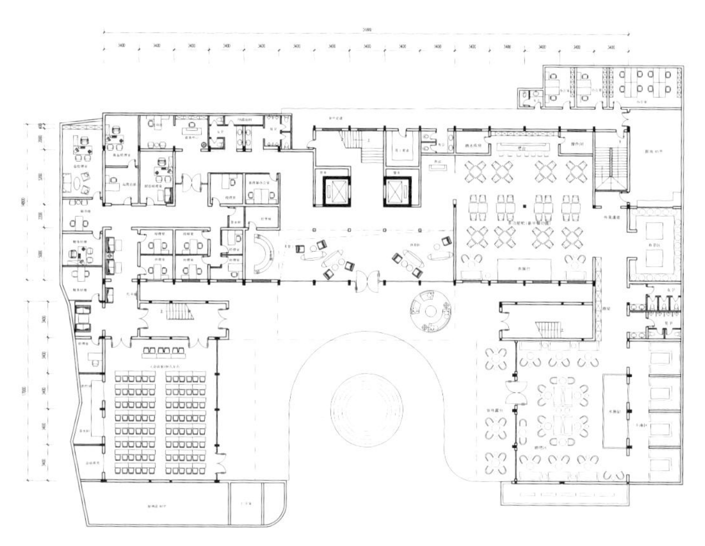

一层平面图

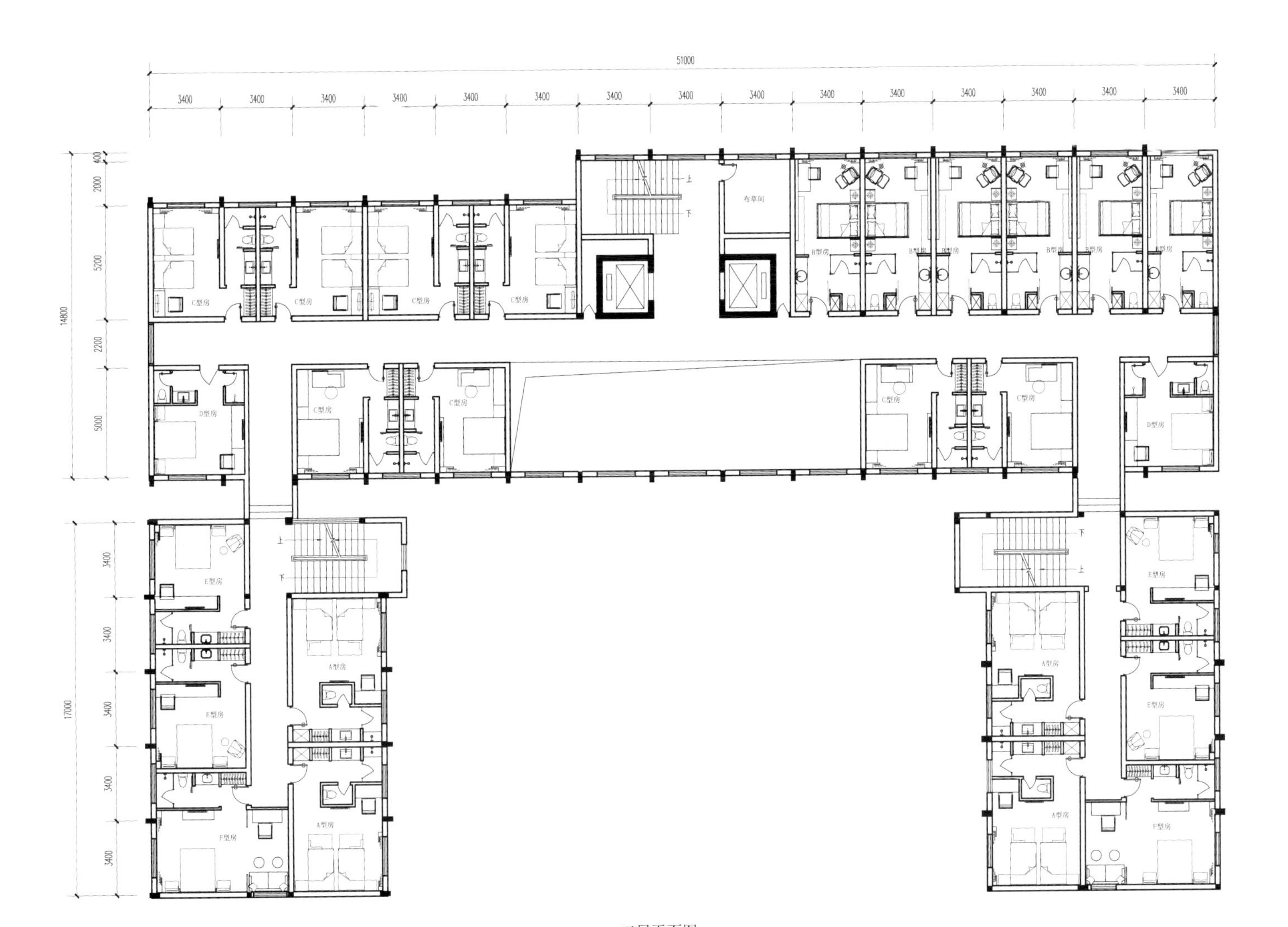

二层平面图

adidas

参评机构名/设计师名：
李益中 Johnson Li
简介：
2001年全国室内设计大赛一等奖，
2002年获全国最佳室内设计师（全国仅两名），
2002年深圳何香凝美术馆举办个人作品展，
2005年深圳关山月美术馆“深圳十人”作品展，
2006年美国波士顿室内设计作品展，
2007年出版著作《样板生活》，
2007年策划首届深圳十人 空间设计大赛，
2008年受邀参加“APSDA亚太空间设计师联合会”并荣获APSDA亚太地区最佳设计作品大奖，
2009年出版《FROM B TO A 售楼处设计策略》，
2010年受聘为清华美院、中央美院建筑学院等艺术院校的设计实践导师，
2011年受邀参加深港城市双年展项目之“万科混凝土的可能”，
2012年受聘深圳大学艺术学院客座教授。

重庆中海可丽酒店
China Overseas KeLi Hotel

A 项目定位 Design Proposition
取决于项目的地理环境与人文气质，体现出旅游度假、休闲养生、商务会议等主要条件的挖掘。

B 环境风格 Creativity & Aesthetics
项目位于重庆市南川区黎香湖瑞士风情商业街内，景观资源优越，滨临黎香湖具有独特的自然环境条件。所以该项目定义为“旅游、宜居、养生”。酒店风格取向，贯彻整个社区休闲感，一方面能强化自身独特性，另一方面能将自身的弱势转化成优势。

C 空间布局 Space Planning
建筑平面分析大堂空间不理想，空间动线较为凌乱。而主入口与市政道路不在一边，造成后期客户人流较为不便。所以设计师通过以上分析如何要解决大堂区域与客户入住流线问题，也就是本案设计要解决的核心问题。从而达到各空间成为一个富有灵性和具备视觉爆发的流动空间。

D 设计选材 Materials & Cost Effectiveness
设计师采用同一色系为基调，其间加入酒店外黎香湖风景图案作为本案的题材，加上质朴的材质感体现空间自然气质传达出独特的文化气息和亲和力，不仅提升了空间温暖指数，从而高雅品位自然而然的流露出来。同时融入黑钢增加空间的现代感。

E 使用效果 Fidelity to Client
整个空间布局合理而具有开放性，在室内搭配简洁而赋予自然高品质家居，加上轻盈的灯光，呈现出一个现代、自然、人文气质，度假休闲的商务式酒店。

项目名称_重庆中海可丽酒店
主案设计_李益中
参与设计师_范宜华、熊灿、段周尧、邹容
项目地点_重庆 南川区
项目面积_4000平方米
投资金额_1500万元

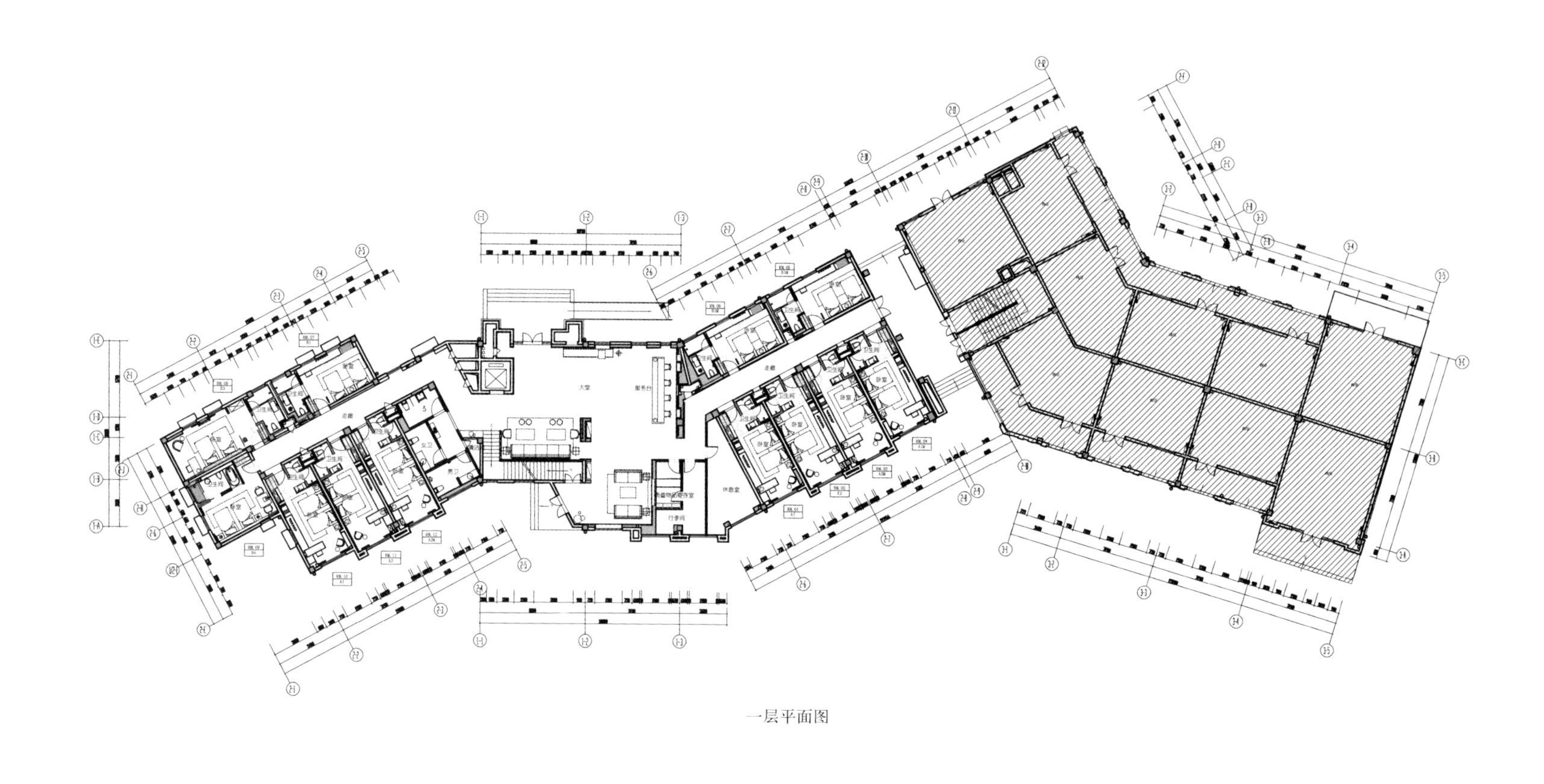

一层平面图

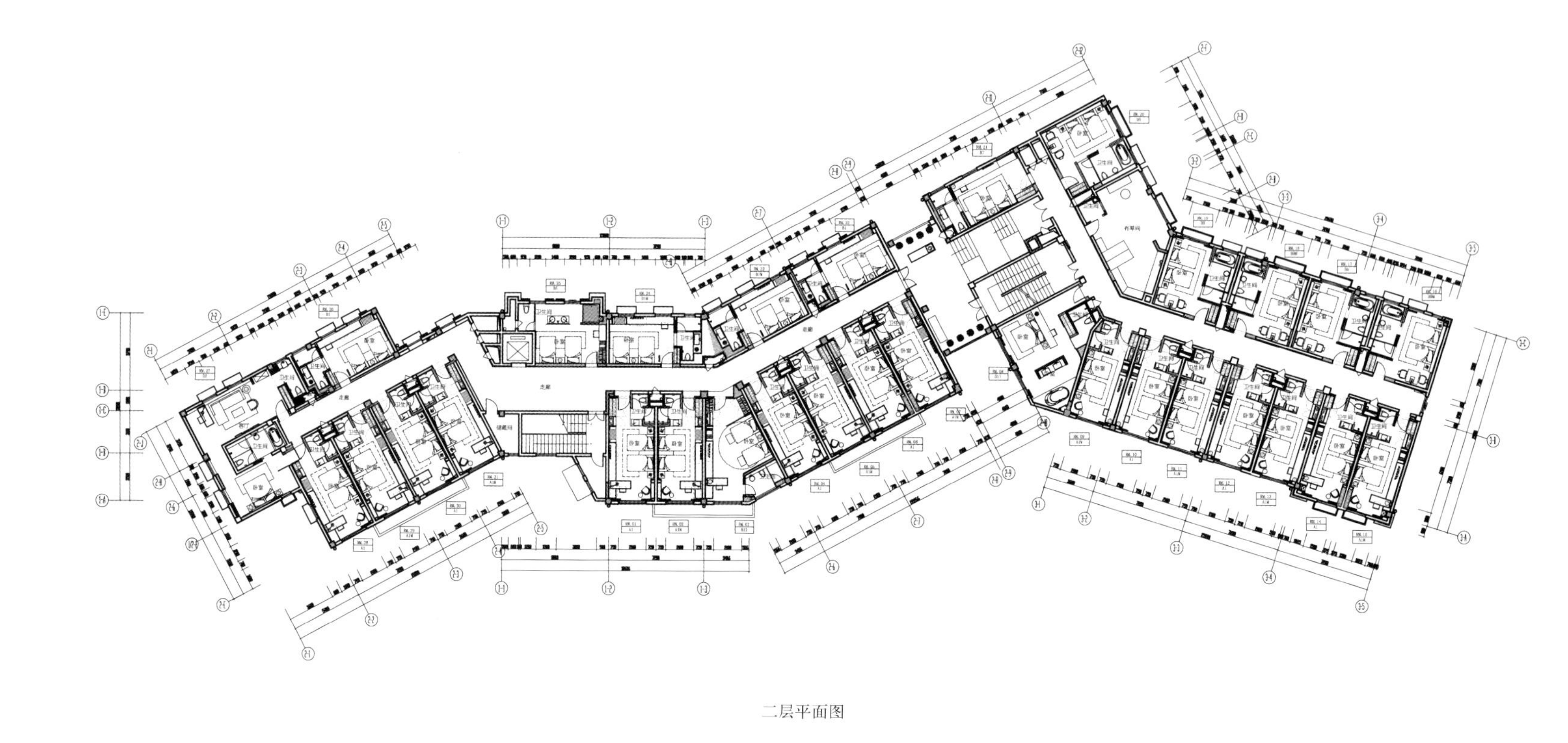

二层平面图

参评机构名/设计师名：
毕路德国际/BLVD international inc
简介：
创立于加拿大的毕路德(BLVD)，专注中国市场十二年，已于北京、深圳两座"设计之都"设立办公机构，实现无国界、跨行业、跨领域的规划、建筑、景观、室内一体化合作。
毕路德(BLVD)的两位联合创始人刘红蕾、杜昀均于上个世纪八十年代毕业于清华大学建筑学院，并于上个世纪九十年代行业于加拿大安大略省，他们曾供职于世界著名设计公司Yabu Pushelberg，成为安省注册建筑师、室内设计师后创立了BLVD International Inc。2001年两位创始人在北京注册了BLVD International Inc 在中国的企业北京毕路德建筑顾问有限公司，并于2003年在深圳注册。由此开始了毕路德(BLVD)的品牌道路……
毕路德(BLVD)目前拥有近200名中外设计师，有建筑设计、室内设和景观设计三个团队。是一个完全国际化的创意工作环境，吸引了量中外优秀设计人才加入团队。各团队的总监均有国外大型优秀设企业工作的经验。各团队的技术带头人均为在团队中锻炼成长起来有自身特殊技术长项的设计师，这种团队构成在吸取大型国际企业先进管理经验同时，培养团队自身的核心技术竞争优势。

长白山万达假日度假酒店
Wanda Holiday Inn Resort–Changbai Mountain

A 项目定位 Design Proposition
该四星级度假酒店为冬季滑雪者和夏季登山者提供了一个极其便利的基地。首层主入口和接待大厅位于中心，滑雪小屋风格建筑则从三侧包围。餐厅和滑雪酒吧、水疗中心、室内游泳池等包裹着山的底部。

B 环境风格 Creativity & Aesthetics
低调的酒店室内设计专注于利用其极其优异的自然风光优势并以奢侈的方式呈现，为客户提供难忘的体验。朴实无华的室内配色方案灵感来自于山本身及周边戏剧性的景观，企图达到室内外的平衡及和谐。

C 空间布局 Space Planning
酒店的主入口和接待大厅设置在双层高的大堂门廊和两组玻璃门之后，酒店呈现出超大的开放布局。双层高的大堂吧坐落于木结构的天花板雨篷下方，而结实的圆柱和木梁支撑着木结构天花。前台和礼宾部静静地坐落在入口的左侧，空间的焦点是一个长方形的开放式壁炉。主大堂两侧分别是度假中心和大堂酒吧，木地板和厚定制地毯搭配。天花中央悬挂着中世纪造型的圆形大吊灯，每个空间的中心焦点都是一个抛光石饰面的壁炉。线性排列的全日餐厅，也同样使用木地板，两种色调的木板墙和带图案的木制屏风，沿着落地窗提供多种座位选择，窗外可尽览恢弘山景。酒店三翼之一翼的滑雪吧，舒适的皮革扶手椅包围着岛状的吧台，而酒吧椅座位区则由石材墙面包围而相对独立，使用超高的木框天花。

D 设计选材 Materials & Cost Effectiveness
延续精彩的自然环境，木条地板，糙石和抛光石材，乳白色的石膏，以及木或柳条家具，用皮革和单色面料做完成面。艺术品和带图案的木制屏风，灵感同样来自于大自然，它们装饰公共空间的关键部分。

E 使用效果 Fidelity to Client
无论你是寻求刺激，还是追求浪漫，又或你只是想放松身心，暂时远离今天的现代化和狂躁的生活方式，长白山假日酒店会在让人惊叹的自然景观背景下，为您的心灵和灵魂提供一个休憩场所。

项目名称_*长白山万达假日度假酒店*
主案设计_*刘红蕾*
项目地点_*吉林白山市*
项目面积_*40000平方米*
投资金额_*40000万元*

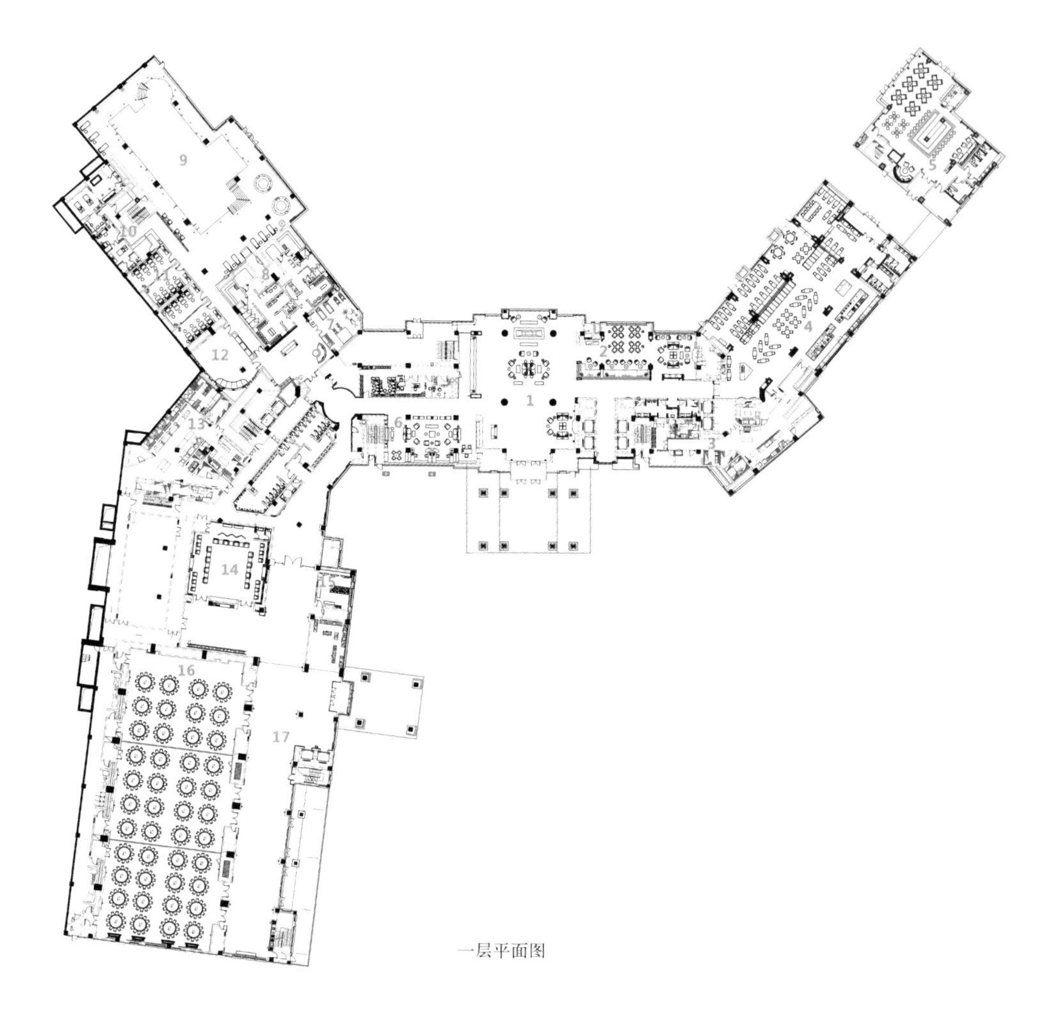

一层平面图

参评机构名／设计师名：

重庆市海纳装饰设计工程有限公司/

CHONGQING HIGHLAND DECORATE & ENGINEER CO.,LTD

简介：

重庆市海纳装饰设计工程有限公司成立于2000年，拥有国家建筑装饰装修工程设计与施工一体化专业资质。

多年来，公司全体成员秉持专业敬业的工作态度，为社会奉献了大量优秀作品，博得广泛的赞誉，很多作品多次入选CIID中国室内设计大奖赛优秀作品集，并获得多个奖项。

客户的满意度、作品的成功率和员工的成就感是我们企业追求的永恒目标。

企业理念：诚信为人，踏实做事，艺术生活。

重庆俊怿酒店

Chongqing JunYi Hotel

A 项目定位 Design Proposition

既达到了一所五星级度假酒店的高品质标准，又作为当地金佛山地区大山文化、森林文化的载体，给予客户独特的入住体验。

B 环境风格 Creativity & Aesthetics

1.酒店定位为新自然主义风格，希望适度有别于当下流行的东南亚、新亚洲等酒店设计风格；2.室内设计中强调形式符号的提炼运用，推演出一片树叶，一座森林，一所酒店的设计核心理念；3.在室内陈设配套上，更注重地域文化的挖掘与传达。

C 空间布局 Space Planning

1.注重空间与功能的有机结合、合理布局；2.注重空间的开与合，藏于露，大与小的对比关系。

D 设计选材 Materials & Cost Effectiveness

1.自然主义风格材料的艺术化使用——讲究材质的肌理与色彩构成；2.当地材料（如竹、木、藤、石等）的创新使用。

E 使用效果 Fidelity to Client

1.填补了当地高端度假酒店产品的空缺，完善旅游配套；2.为当地地域文化的传播起到了积极的推动作用。

项目名称_*重庆俊怿酒店*

主案设计_*白荣果*

项目地点_*重庆*

项目面积_*25000平方米*

投资金额_*18000万元*

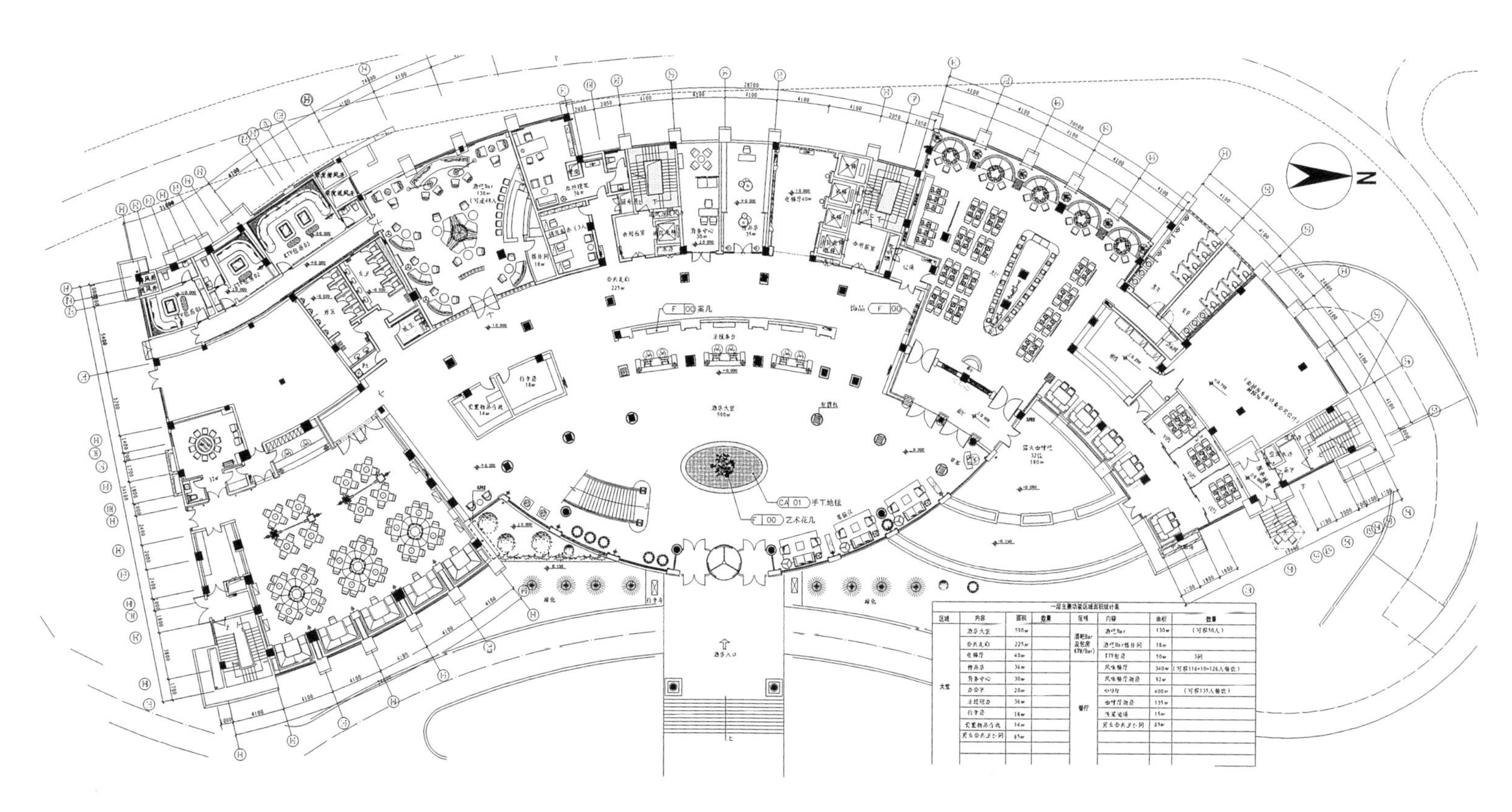

一层主要功能区域面积统计表

区域	内容	面积	数量	区域	内容	面积	数量
大堂	酒店大堂	590㎡		酒吧Bar及包房(KTV/Bar)	酒吧Bar	130㎡	（可容50人）
	公共走廊	225㎡			酒吧Bar操作间	18㎡	
	电梯厅	40㎡			KTV包房	50㎡	3间
	精品店	36㎡		餐厅	风味餐厅	340㎡	（可容116+10=126人餐饮）
	商务中心	30㎡			风味餐厅厨房	92㎡	
	办公室	20㎡			咖啡厅	400㎡	（可容135人餐饮）
	总经理办	36㎡			咖啡厅厨房	135㎡	
	行李房	18㎡			传菜通道	15㎡	
	贵重物品存放	14㎡			男女公共卫生间	65㎡	
	男女公共卫生间	65㎡					

一层平面图

ENVISION
ENVISION

4

参评机构名/设计师名：
上海现代建筑装饰环境设计研究院/
Shanghai Xiandai Architectural Design Research Institute Co. Ltd
简介：
上海现代建筑装饰环境设计研究院有限公司是上海首家将环境设计冠于名前从事室内外环境设计的专业化企业，公司以室内装饰设计、环境景观设计、建筑与建筑改建设计为三大主业，形成的“延伸服务”包括：图文渲染设计、环境艺术设计(含软装饰设计及雕塑设计)、标识设计、机电设计、装饰施工管理、技术经济概算以及艺术灯光设计等“一体化”专业服务。
公司坚持“以设计为先导，创意为竞争力，设计成就和谐”为经营战略，力求以社会与市场需求为己任，不断增强经营和设计的创新意识、责任意识、服务识，按照“诚信服务，团结进取，锐意创新，追求卓越”的16字方统领企业运营全过程，并将进一步聚集人才、强化服务、树立品牌不断开拓国内外两大设计市场，竭诚为广大客户提供原创、新颖、质的高品位设计与人性化服务！创意成就梦想，设计成就和谐！

安徽银桥金陵大饭店
Yinqiao Jinling Grand Hotel Anhui

A 项目定位 Design Proposition
客房量定在300间左右，设计中将且套房及长包房等房型比例适当提高，提高酒店品质，将宴会厅、多功能厅进行了重点设计、吸引当地婚宴、会议等客户资源，与周边酒店形成互补、良性的竞争关系。

B 环境风格 Creativity & Aesthetics
酒店用现代化工业元素加以强势的表达和暴露，以低调而含蓄的中国式空间层次演进，突显现代工业元素与中式含蓄的完美融合，营造一种“大隐于世”哲学诉求。

C 空间布局 Space Planning
原先酒店大堂很小、且很矮。作为5星级酒店来说缺乏气势。我们将原先沿街大堂改做商业，在西部的裙楼打通两层设置大堂，门头。即满足了广告宣传需要，也很好的解决了大堂的层高限制。 酒店大堂采取对称布置，很好的利用了中厅的4根柱子，作为装饰，强调、亮化。印有中式纹样吊顶由大堂延续而入，将大堂与走廊融为一个空间。用现代的灯饰装配回纹不锈钢门套，使原本很小的电梯门套形成一面装饰画卷，演绎着一种情绪上的积压与释放 。

D 设计选材 Materials & Cost Effectiveness
在充满着独特东方气韵的门厅中，牢固的镶嵌了米色的石材、配饰雅致贵气的紫铜门架，流动的水景、传达并延续着奢华且自然的气息。 接待台背后采用汉白玉雕刻，无缝对接。并将“唐玄宗邀月”这个典故融入其中，抛出“银桥”的由来。 每个空间地毯都进行了纹样设计，将空间的色、形与地毯保持一致。

E 使用效果 Fidelity to Client
由于前期的酒店准确的设计定位，在试运行阶段很多客户因为酒店的特色，服务的品质，占领了很大的市场份额。会议、宴会、商住的客人源源不断，包括一些度假型的客人也愿意在酒店小住几天，放松休息。

项目名称_安徽银桥金陵大饭店
主案设计_李晓军
参与设计师_张珉、陈劼、周仁懿、关欣、邱锦、沈卓君
项目地点_安徽合肥市
项目面积_43000平方米
投资金额_15000万元

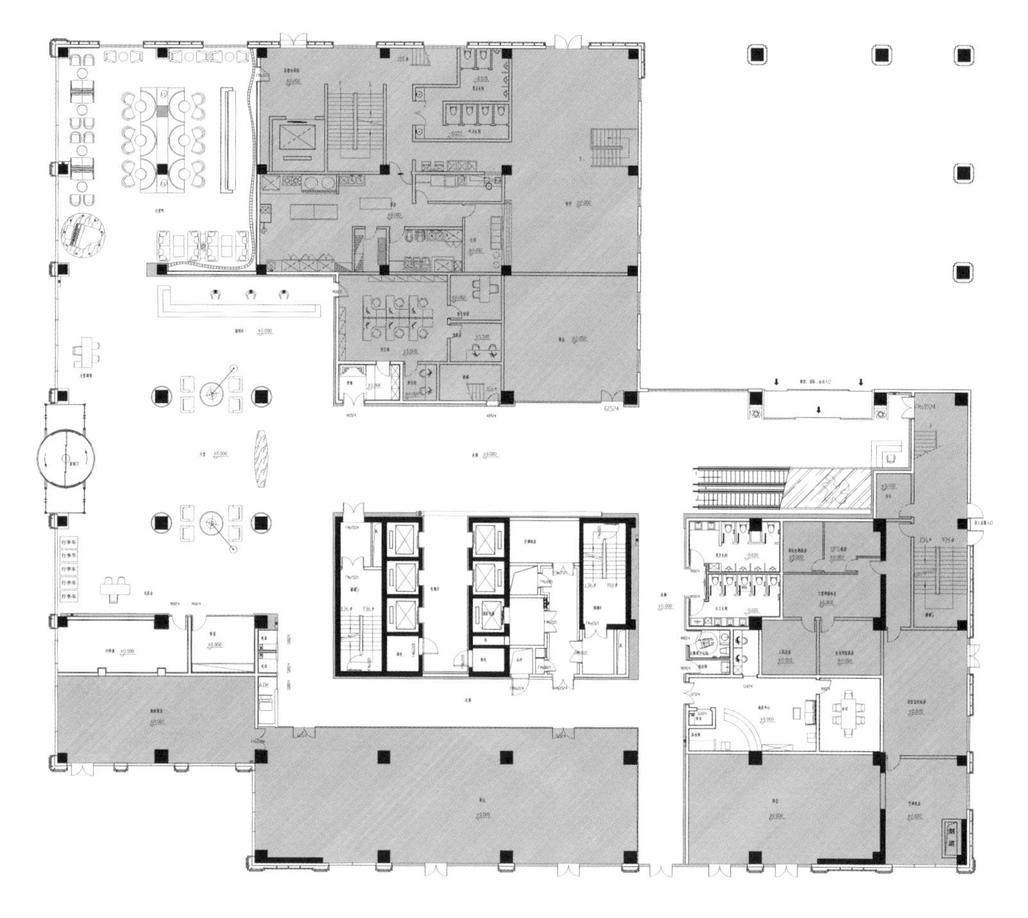

一层平面图

参评机构名/设计师名：

广州市铭唐装饰设计工程有限公司/M.TEAN. DESIGN

简介：

广州市铭唐装饰设计工程有限公司（简称“铭唐”），业务范围涵盖了专业商业空间、酒店、会所、餐饮、办公空间、房地产、顶级豪宅的专业策划与创意设计。公司工程部成立于二十世纪九十年代初，从事专业设计工程装修达12年以上，具有完善的管理体系和施工质量保障体系。铭唐现有职员80多人，拥有一支高素质、多领域的资深设计队伍和专家，曾与英国、香港等地的多间著名设计公司和名师合作，成功地设计了多个优秀项目。

团队荣誉：

第七届中国国际室内设计双年展，第二届（2008年）羊城设计新势力年度十大设计师，金羊奖—2008年度国十大展示空间设计师，羊城设计新势力优秀设计作品大奖，2010国际中国香港著名设计师2011-2012年第二届环艺创新设计大赛一奖、2012-2013年中国酒店最具创意设计机构，2012年中国酒店杰设计五星钻石奖。

广东阳江戴斯国际度假酒店

YangJiang HaiYun Days Hotel

A 项目定位 Design Proposition

在当地的酒店环境中，这个项目定位高端，竞争力强，体现在项目选址，项目建筑空间，还有整体酒店配套也比较完善，市场定位清晰，打造标准的五星度假酒店。

B 环境风格 Creativity & Aesthetics

抛弃以往度假酒店“东南亚”风格的定式，以“模仿自然的现代空间设计”为目标向自然界敬礼，尊重自然的造型，尊重自然材料的纹理，部分空间直接选取自然的木质材料，散发自然的味道，给人一种全新解读度假体验的设计。

C 空间布局 Space Planning

首先一进大堂便面朝大海，尊重自然景观，其次为满足将好的景观让给客人，尽量将后勤依靠山坡，节省空间。第三大量房间靠山面海，尽量将最好的景观纳入房间，房间面积最小也在40平方以上，满足度假市场需求。

D 设计选材 Materials & Cost Effectiveness

最大的特点是因为阳江海边环境的需求，湿度太大没有选用墙布，墙纸，而是大量使用涂料，并达到视觉上和实用上统一的效果。

E 使用效果 Fidelity to Client

由于度假酒店经营起来地域性和时间性比较强，这个项目由于它的体量，配套，房间面积都与当地同类酒店竞争力要强，房价一直也是最高的。

项目名称_*广东阳江戴斯国际度假酒店*
主案设计_*蒋立*
参与设计师_*梁础夫、潘兆坚、叶嘉莹、李妍*
项目地点_*广东广州市*
项目面积_*50000平方米*
投资金额_*15000万元*

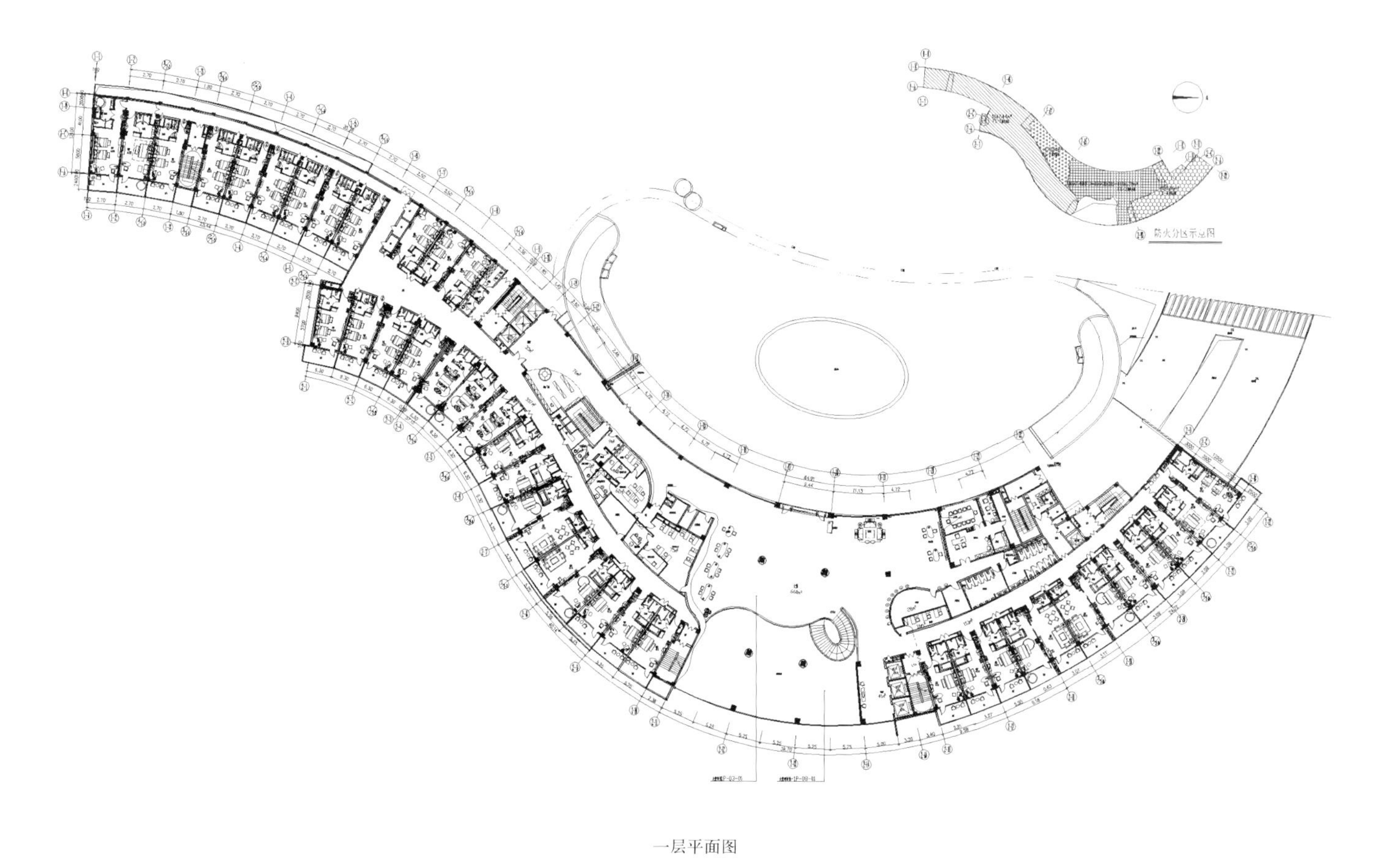

一层平面图

参评机构名/设计师名：
黄春 Marvin

简介：

天津今晚报大楼装饰工程获中国建筑鲁班奖，成都西丽大酒店获深圳市优质样板工程，南宁国际大酒店获广西自治区优质工程，浙江湖北建设银行总部大楼获浙江省钱江杯优质工程，辽宁友谊宾馆获辽宁省优质样板工程，1999年获深圳市设计比赛三等奖，上海汽车工业总公司写字楼大堂室内装饰设计，获2000年深圳市装饰设计作品展 公共建筑室内装饰类三等奖，深圳地铁香蜜湖站装饰设计，获2002年深圳市建筑装饰设计作品展 公共建筑室内设计类一等奖，深圳罗湖火车站地区交通疏解项目装饰设计比赛中（项目面积38000平方米，深圳市头号重点项目，地面规划及景观部分有全球最知名的景观公司美国SWA中标）获得第一名。重庆市中国三峡博物馆"重庆城市之路"展馆室内方案设计，获2004年深圳市第六届设计作品展 公共建筑室内装饰类佳作奖，大庆油田历史陈列馆室内方案设计，获2006年第二届中国（深圳）国际文化博览交易会中国创意设计大奖 公共建筑装饰设计类优秀作品奖，2004-2008年，深圳市每年的年度优秀设计师，2005年，首批通过国家一级建造师职业资格考试，取得一级建造师执业资格。2006年获首届简一杯中国别墅 酒店设计精英邀请赛优秀奖。

南通东恒盛国际大酒店

Nantong Haimen East Hengsheng Kokusai Hotel

A 项目定位 Design Proposition

东恒盛国际大酒店是东恒盛集团打造海门高端精英城市综合体项目之一，在海门经济迅速发展的需求中有开设海门首家五星级豪华商务酒店的需要。且集团力求把酒店打造成海门市的标志性建筑。

B 环境风格 Creativity & Aesthetics

"君不见，长江之水天上来"为设计师对项目基地特殊地理位置的第一感触。"行云意，流水情"，打造一个洒脱、自然的空间特色作为设计的主导思想。现代又带一点东方韵味的酒店装修风格，轻松而又有文化底蕴。

C 空间布局 Space Planning

平面布局上在满足空间实用性的同时，对平面布局也采用了设计的黄金比例方式进行规划，让空间不仅在立面造型上展示美学比例，在空间平面布局中也显现出设计的魅力。

D 设计选材 Materials & Cost Effectiveness

材质与光的结合是本设计选材上的一大亮点，把二维形式元素三维化也是选材上的一大创新。全自动酒店管理系统在当时也是领先投入使用。

E 使用效果 Fidelity to Client

酒店装修完成投入运用后顾客好评率高达百分之九十九，酒店入住率高。顾客对齐全的配套设计以及室内设计都极为称赞。

项目名称_*东恒盛国际大酒店-南通*
主案设计_*黄春*
项目地点_*江苏南通市*
项目面积_*80000平方米*
投资金额_*20000万元*

PARKVIEW
景苑西餐厅
Western Restaurant

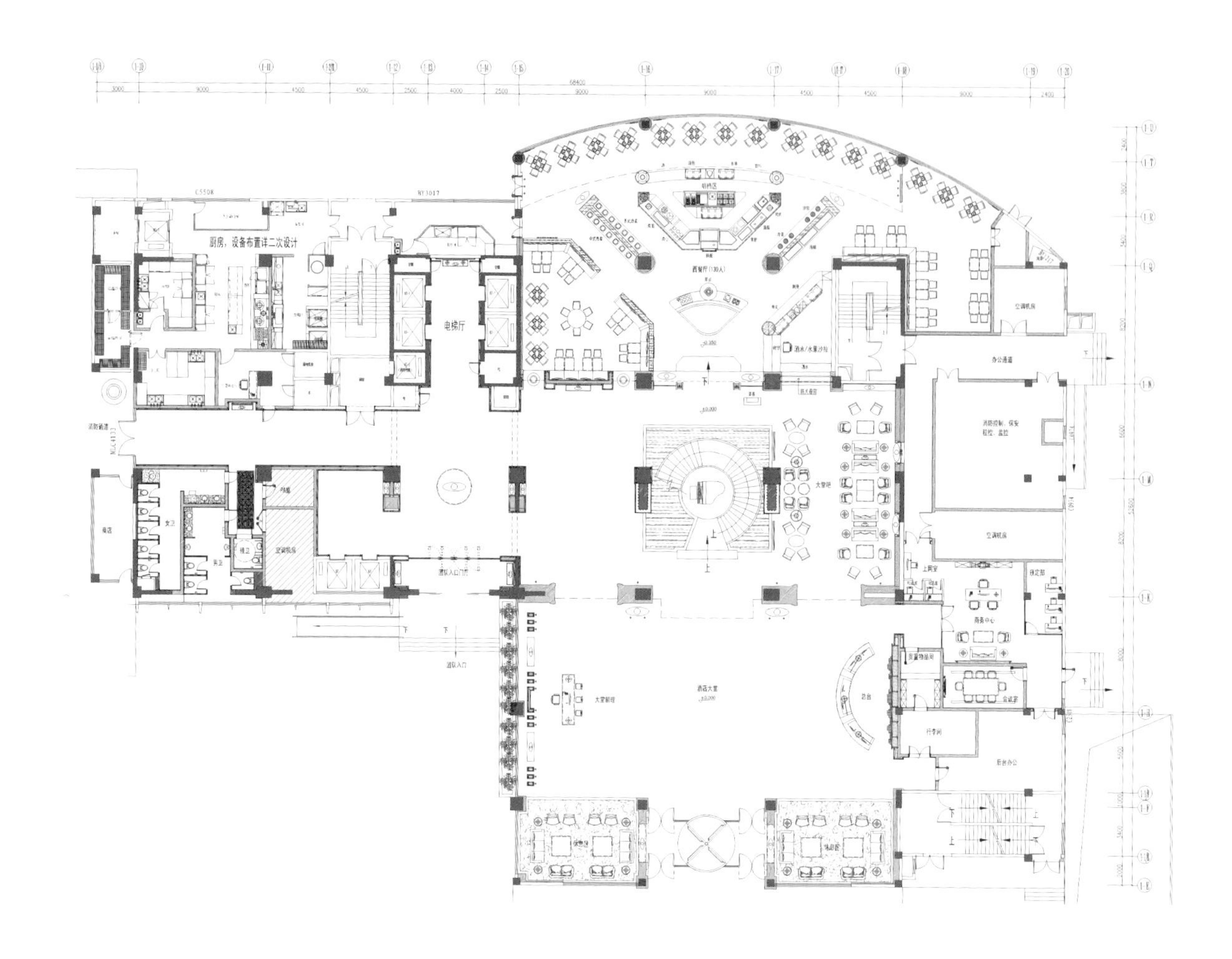

一层平面图

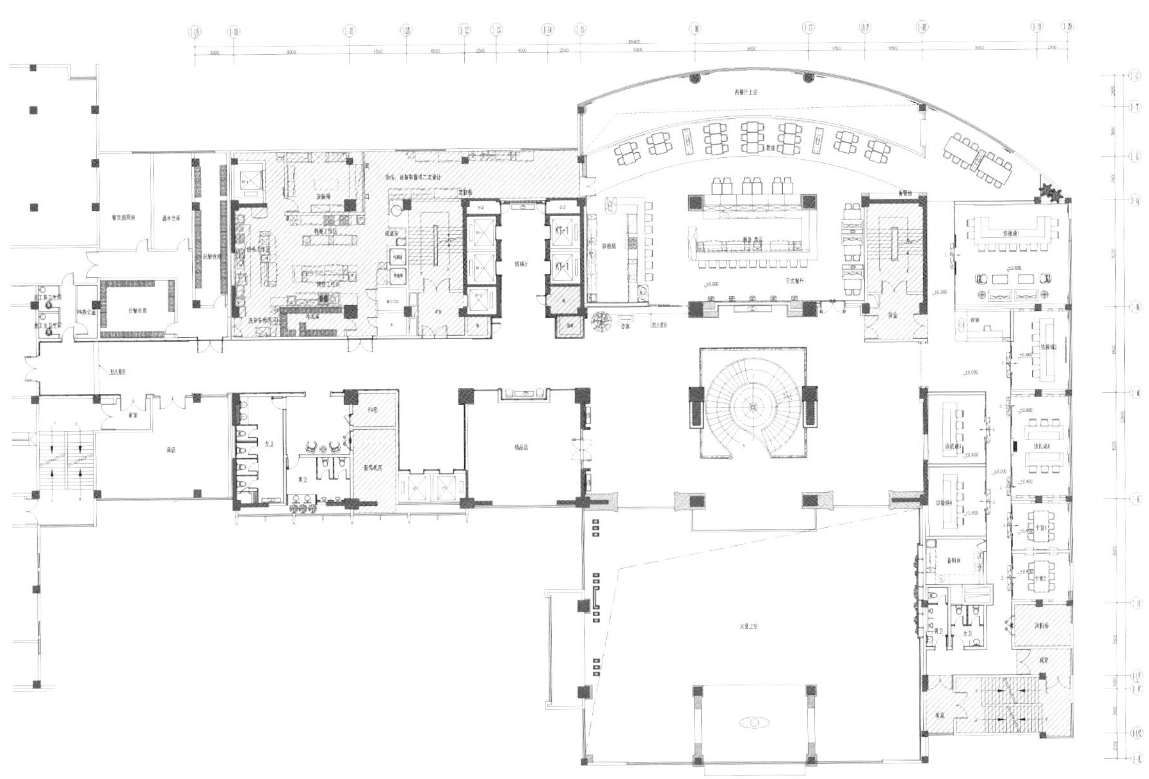

二层平面图

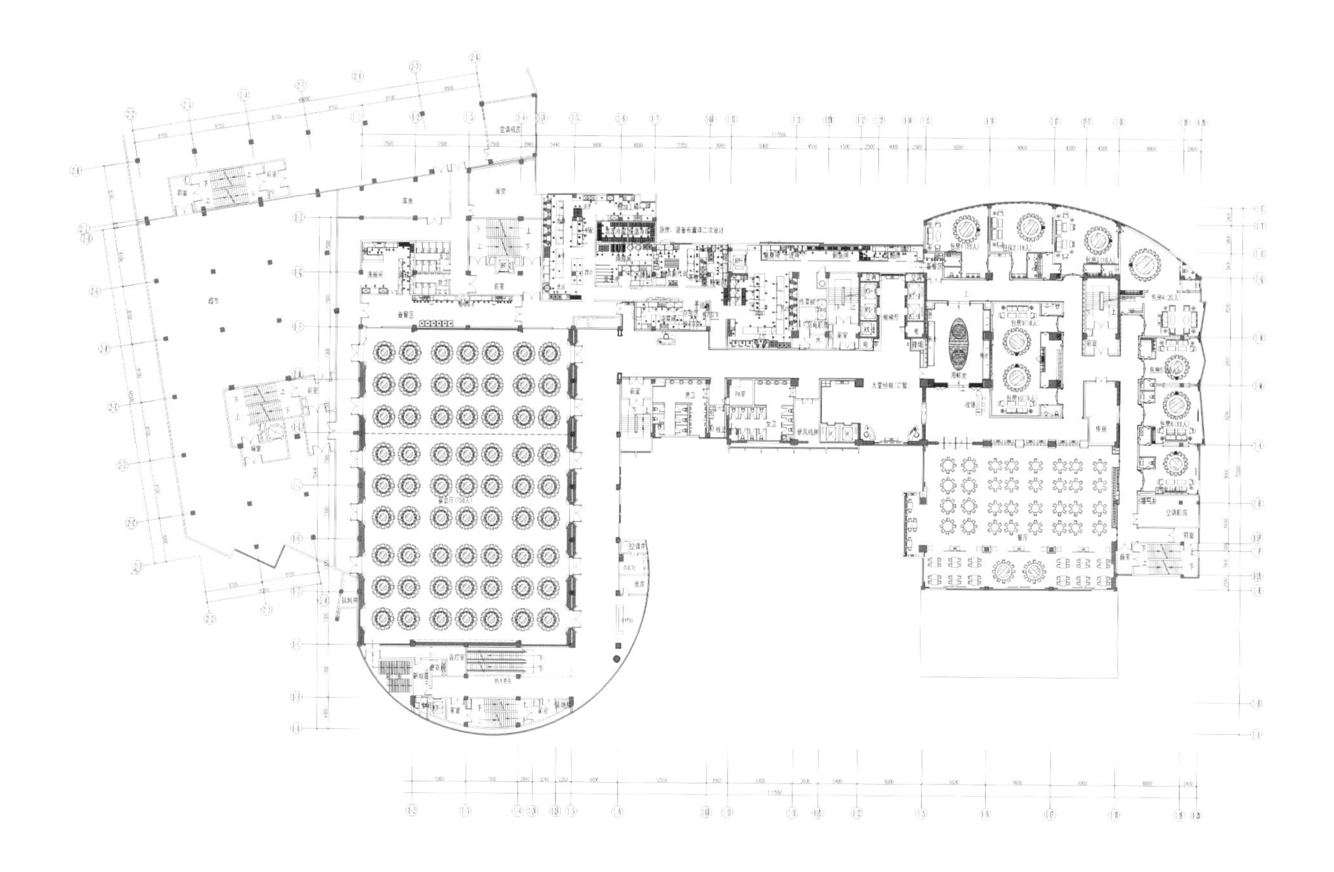

三层平面图

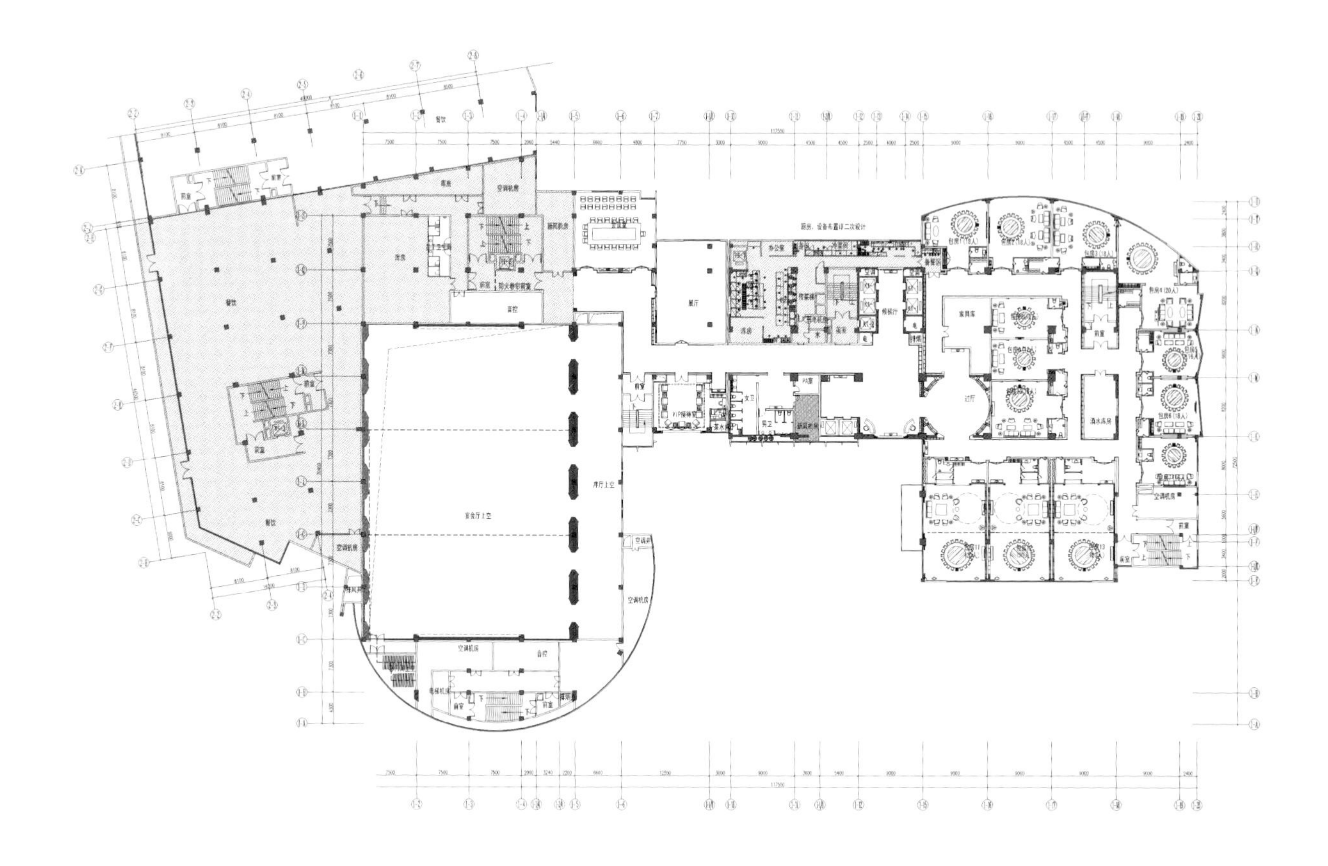

四层平面图

参评机构名/设计师名：
黑龙江国光设计研究院/
Heilongjiang Guoguang Architecture Decoration Design&Research Institute Co.,Ltd.
简介：
黑龙江国光建筑装饰设计研究院具有二十余年设计经验，拥有专业和管理人员百余人，是国家建设部审定的装饰工程设计甲级资质企业。设计业务范围包括：机关企事业办公楼、写字楼、文化展览、酒店会所、餐饮酒楼、高等院校、医院、商场、售楼中心样板间等空间的室内设计，以及建筑外装饰改造设计、景观环境设计和软装配饰设计，并大力研发和推动装饰工程的产业化，同时在北京、上海、天津、长春等地设有分支机构。

国光设计院曾荣获国家鲁班奖三项、国家装饰金奖十余项、省级优秀奖三十余项、“全国十佳室内设计企业”称号等多项殊荣。在设计院的运营中，我们始终秉承：服务意识 —— 从业主的角度出发去想问题、做事情；精品意识 —— 内部管理层层把关，确保设计产品质量；专业意识 —— 功能至上，各相关专业设计师协调一致；环保意识 —— 追求低碳减排的理性设计。国光设计院愿与社会各界发展并保持良好的合作关系，将信誉、质量、人性化的设计为己任。

天津津卫大酒店

JinWei Hotel

A 项目定位 Design Proposition
功能完备是集商务、旅游、接待为一体的综合性宾馆。

B 环境风格 Creativity & Aesthetics
设计沿着“自然”与“人文”两条主脉络进行深入延展，将海河文化与独特的地域文化相结合。

C 空间布局 Space Planning
空间通透感强烈，运用自然光。

D 设计选材 Materials & Cost Effectiveness
运用现代的材质及工艺。

E 使用效果 Fidelity to Client
稳重华贵的空间感受。

项目名称_天津津卫大酒店
主案设计_王建伟
参与设计师_孙福刚、蔚铁、杨光
项目地点_天津
项目面积_42000平方米
投资金额_15000万元

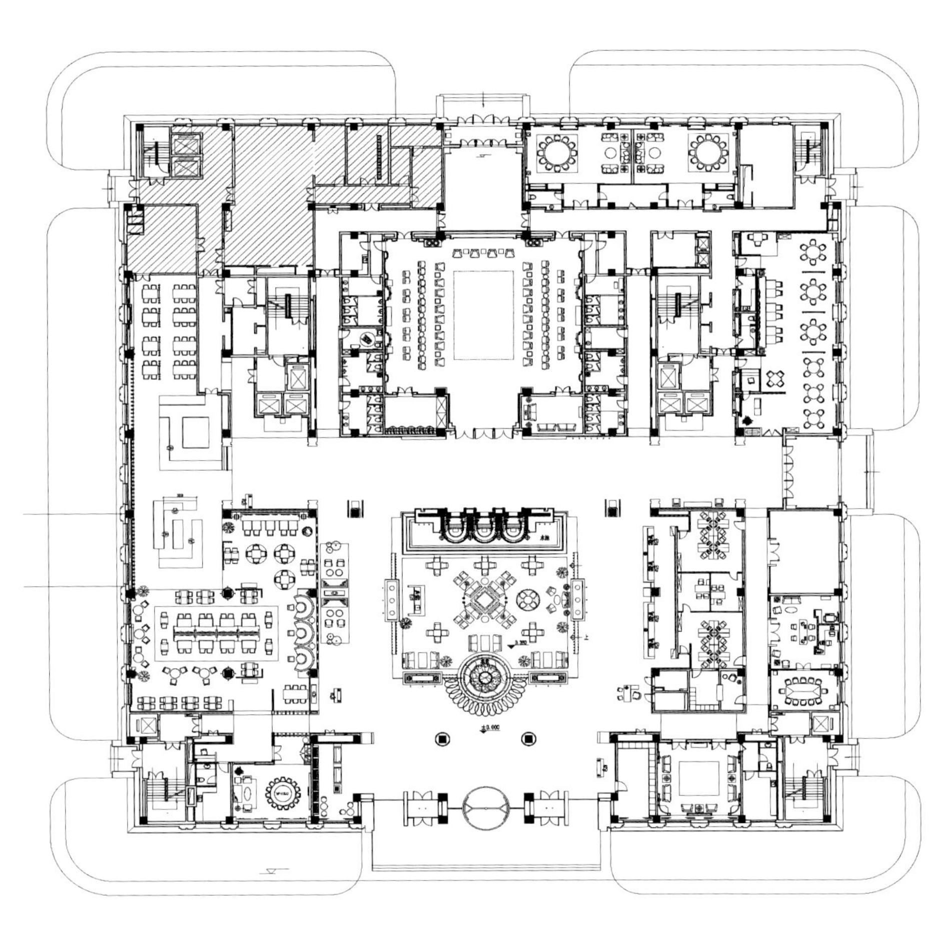

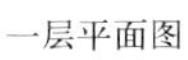

一层平面图

参评机构名/设计师名：
广州根源文化传播有限公司/GuangZhou Gawain Culture Communication Co.,Ltd

简介：
根源设计机构是一家跨国的酒店品牌与室内设计公司，涉及的领域包括酒店品牌形象策划与设计、室内装饰设计、家具定制设计、软装配饰设计等等。

曾获2012/2013 “金外滩”最佳酒店设计优秀奖等多项大奖。

铂晶：雕琢晶致
PLATINUM CRYSTAL-CARVED CRYSTAL INDUCED

A 项目定位 Design Proposition

铂晶酒店的品牌标志设计，来源于其独特的原创定位——铂之雅、晶之致，代表着铂晶酒店的高雅与精致，通过对水晶元素的解构并进行重新组合，所构成的双层水晶之花如同水晶含有正能量一样，蕴藏着强大而神秘的聚合力量，吸引五湖四海的尊贵宾客汇聚铂晶酒店，独享“雕琢晶致”的设计理念。

B 环境风格 Creativity & Aesthetics

主题设计酒店的设计需打破星级酒店的标准与条框，以高度统一、个性的品牌形象替代传统的千篇一律。本案设计原则为通过对品牌的精心打造、强化设计元素，大大降低对高档材料及复杂造型的依赖，在环保低碳、满足酒店功能的前提下，兼顾原创性与美观性，低成本，低造价。

C 空间布局 Space Planning

通过对品牌核心图形元素的解构并进行二次图形开发，将二次图形合理地应用到装立面、地面、天花上，既达到低成本低造价的目标又进一步增强了酒店设计的差异性、强化酒店的品牌感。大堂的布局也顺应整体风格的设计进行了革命性的颠覆，在满足功能需求，动线清晰的情况下，营造了别具一格的平面布局。

D 设计选材 Materials & Cost Effectiveness

色彩材质上应用黑白灰的中性色系，色彩上采用了品牌的色彩应用体系，也符合了设计型酒店的内在气质，材质上巧妙运用了石材、合金材料、黑镜面、木材、不锈钢等各种光泽度不同的普通材料，塑造了低调高雅、时尚精致的酒店环境。软装艺术饰品力求与酒店整体品牌形象融为一体。

E 使用效果 Fidelity to Client

本酒店的设计符合各项规范要求，通过了各有关单位的考核验收。在与业界专业人士的参观交流中也获得了一致好评。对本次酒店的设计作品及设计师团队的工作都非常满意。

项目名称_铂晶：雕琢晶致
主案设计_马晓庆
参与设计师_陈晓强、马凯斌、李延标、谢喜德、马志强
项目地点_广东汕头市
项目面积_22706平方米
投资金额_13000万元

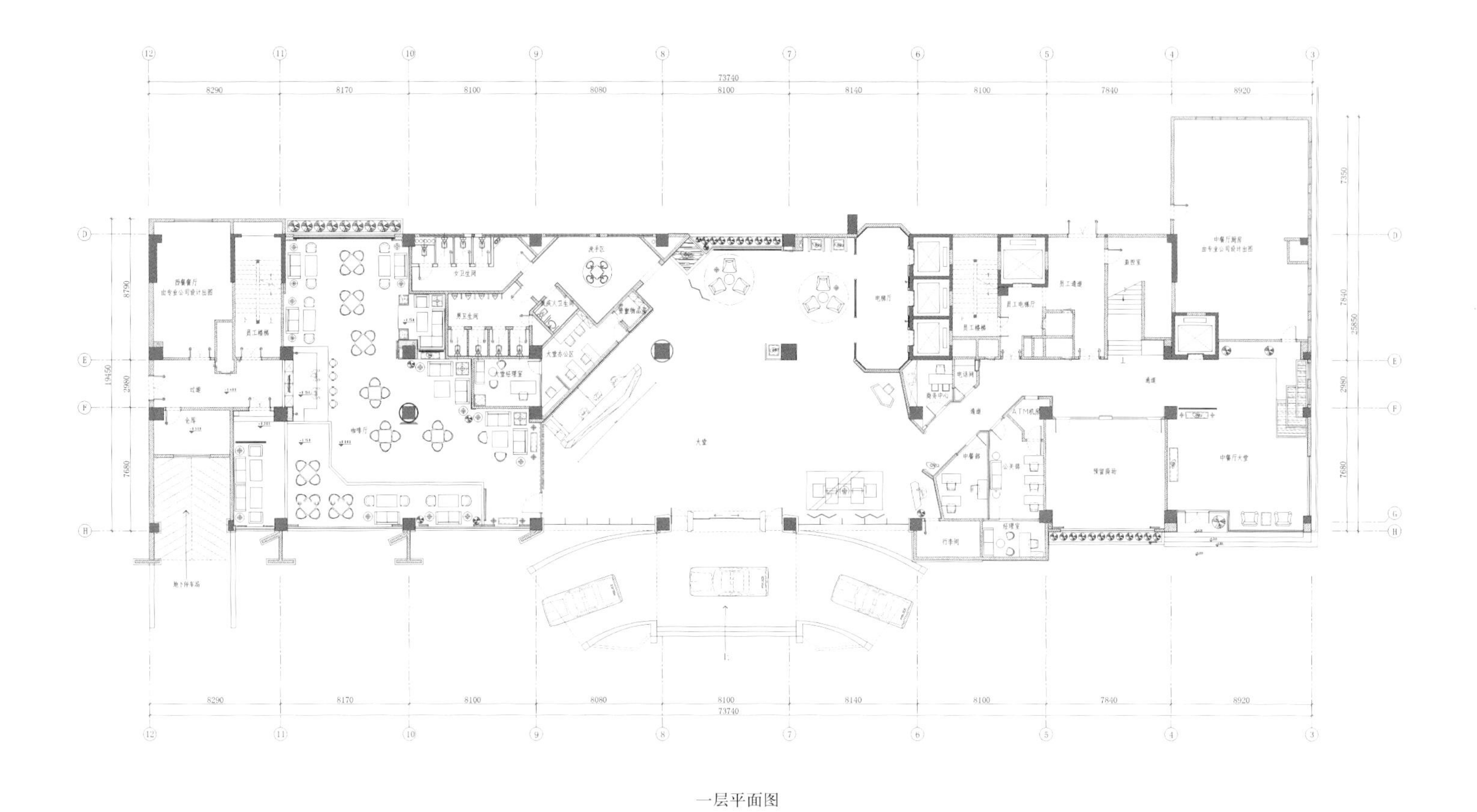

一层平面图

参评机构名/设计师名：
黄任颀 Huang Renqi
简介：
毕业于川音成都美术学院环境艺术设计系，上海同济大学建筑与城市规划学院研修生，四川思联.利维兴室内设计有限公司设计总监。
成功案例：德阳中江伍城家园大酒店、成都柏丽酒店、西藏阿里象雄大酒店、华润翡翠城私人会所。

雅安汉源金鑫大酒店

YaAn HanYuan JinXin Hotel

A 项目定位 Design Proposition

本案位于四川雅安市汉源县，地理位置具有特殊性，因此在前期策划市场定位的时候，我们首先考虑当地的整体消费水平，调研了相关同类酒店经营情况，最后结合业主的经营要求，制定了打造精品商务型标准4星饭店的目标。

B 环境风格 Creativity & Aesthetics

本案在整体风格上采用的是简欧风格，局部引入了部分ARTDECO的设计概念，既保证酒店稳重大气的整体氛围，同时通过细节也能够彰显酒店的精致奢华。

C 空间布局 Space Planning

本案在空间布局上，考虑灵活性，可变性，多样性。

D 设计选材 Materials & Cost Effectiveness

材料使用上，为了保证高效的投资回报。我们在选材上，尽量使用方便施工，价格适中的大众产品，更多是通过巧妙的搭配来保证效果的完整度。

E 使用效果 Fidelity to Client

由于前期准确的市场定位，合理的功能布局以及严格的投资预算执行，项目竣工后整体经营高效便捷，管理方便，运营成本较同类酒店也更低。

项目名称_*雅安汉源金鑫大酒店*
主案设计_*黄任颀*
项目地点_*四川雅安市*
项目面积_*15000平方米*
投资金额_*6000万元*

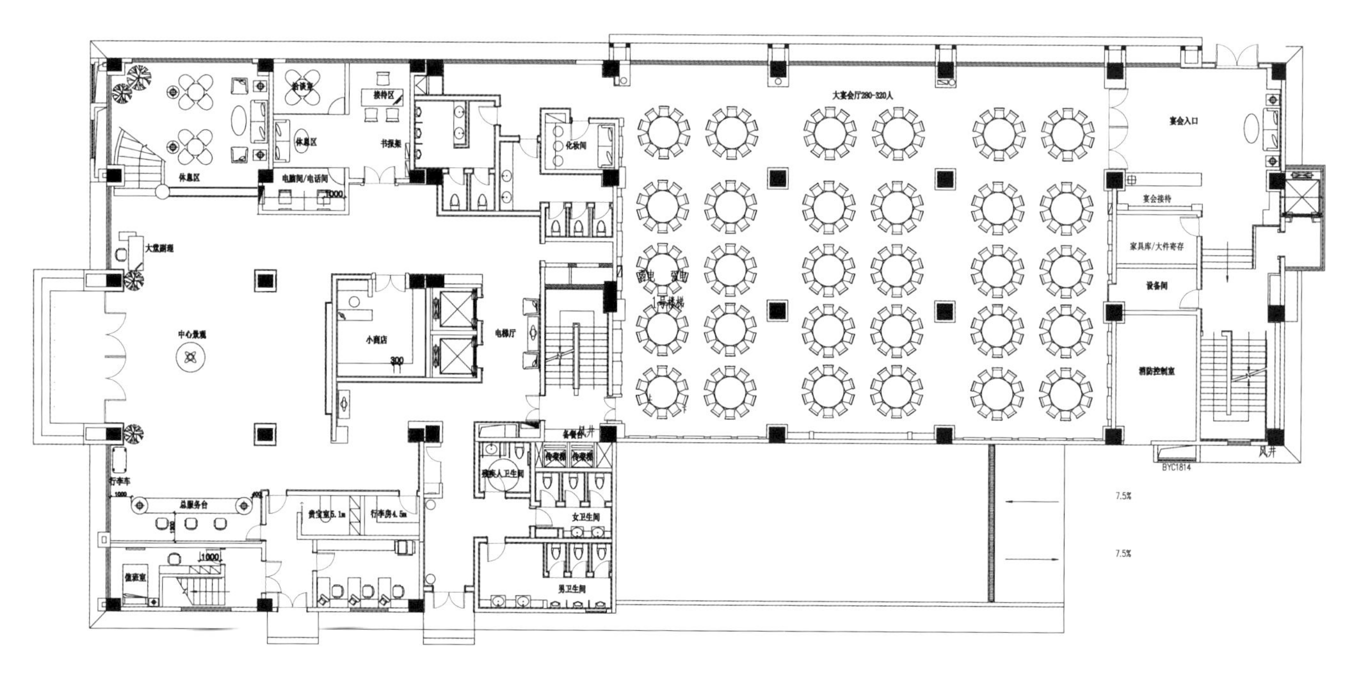

一层平面图

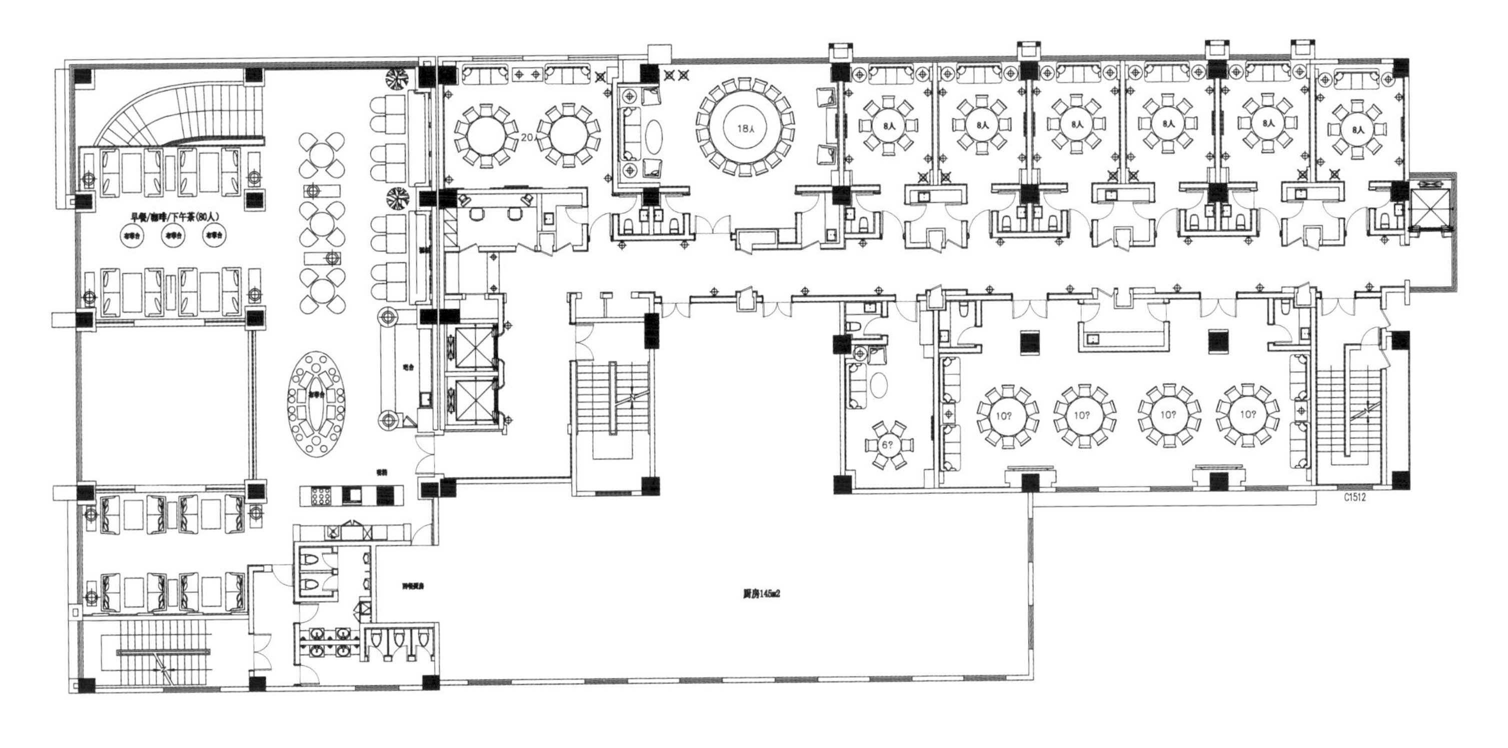

二层平面图

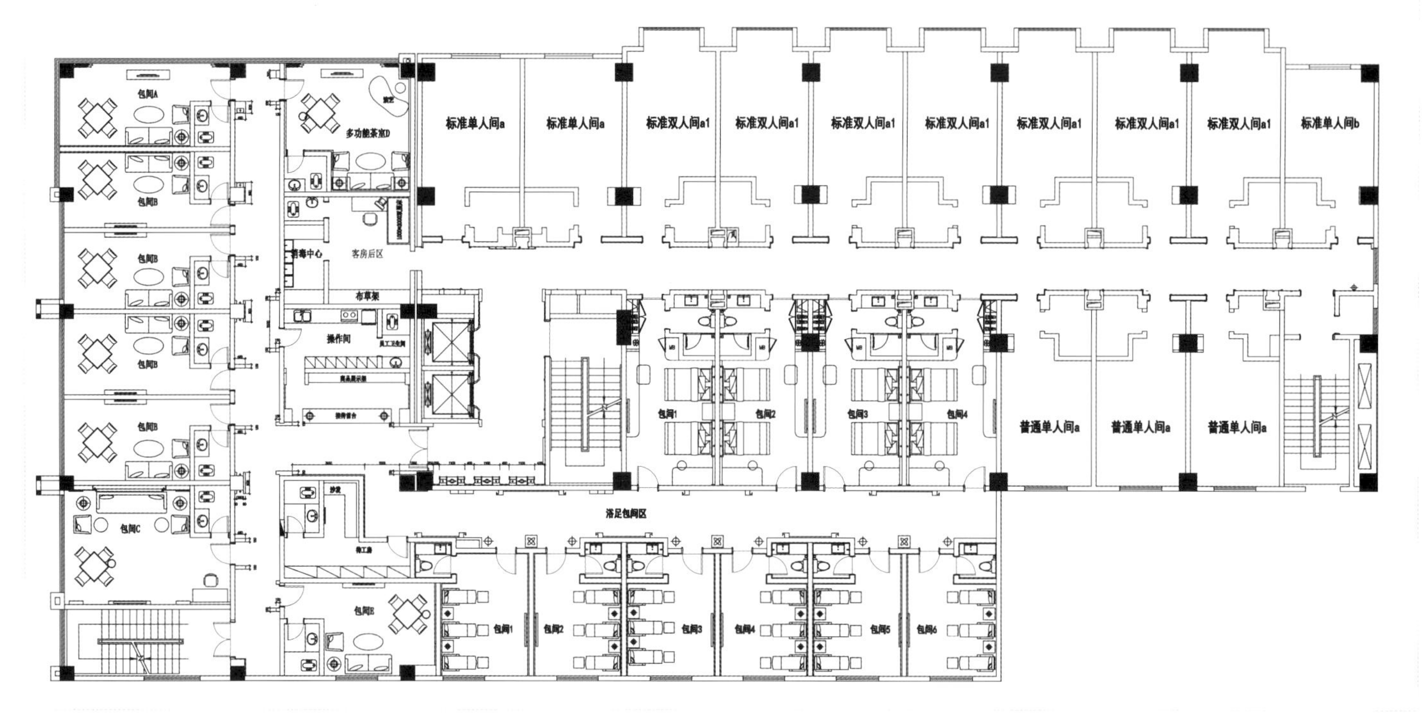

包间A
多功能茶室D
标准单人间a
标准单人间a
标准双人间a1
标准双人间a1
标准双人间a1
标准双人间a1
标准双人间a1
标准双人间a1
标准双人间a1
标准单人间b
包间B
客房后区
布草架
操作间
包间1
包间2
包间3
包间4
普通单人间a
普通单人间a
普通单人间a
包间C
洗足包间区
包间E
包间1
包间2
包间3
包间4
包间5
包间6

三层平面图

道法自然